新知文库

168

XINZHI

Ecomodernism:
Technology, Politics and the
Climate Crisis

Ecomodernism: Technology, Politics and the Climate Crisis
Copyright © Jonathan Symons, 2019
First Published in 2019 by Polity Press
This edition is published by arrangement with **Polity Press Ltd.**, Cambridge

生态现代主义

技术、政治与气候危机

[澳] 乔纳森·西蒙斯 著
林庆新 吴可 译

生活·讀書·新知 三联书店

Simplified Chinese Copyright © 2025 by SDX Joint Publishing Company.
All Rights Reserved.
本作品简体中文版权由生活·读书·新知三联书店所有。未经许可，不得翻印。

图书在版编目（CIP）数据

生态现代主义：技术、政治与气候危机／（澳）乔纳森·西蒙斯著；林庆新，吴可译 . -- 北京：生活·读书·新知三联书店，2025. 4. -- （新知文库）.
ISBN 978-7-108-07938-1

Ⅰ . Q14-05
中国国家版本馆 CIP 数据核字第 2024UH2125 号

责任编辑	丁立松
装帧设计	陆智昌　李小棠
责任校对	陈　格
责任印制	卢　岳
出版发行	生活·讀書·新知三联书店 （北京市东城区美术馆东街 22 号　100010）
网　　址	www.sdxjpc.com
图　　字	01-2022-5459
经　　销	新华书店
印　　刷	河北松源印刷有限公司
版　　次	2025 年 4 月北京第 1 版 2025 年 4 月北京第 1 次印刷
开　　本	635 毫米 × 965 毫米　1/16　印张 14.75
字　　数	169 千字
印　　数	0,001－5,000 册
定　　价	49.00 元

（印装查询：01064002715；邮购查询：01084010542）

新知文库

出版说明

在今天三联书店的前身——生活书店、读书出版社和新知书店的出版史上，介绍新知识和新观念的图书曾占有很大比重。熟悉三联的读者也都会记得，20世纪80年代后期，我们曾以"新知文库"的名义，出版过一批译介西方现代人文社会科学知识的图书。今年是生活·读书·新知三联书店恢复独立建制20周年，我们再次推出"新知文库"，正是为了接续这一传统。

近半个世纪以来，无论在自然科学方面，还是在人文社会科学方面，知识都在以前所未有的速度更新。涉及自然环境、社会文化等领域的新发现、新探索和新成果层出不穷，并以同样前所未有的深度和广度影响人类的社会和生活。了解这种知识成果的内容，思考其与我们生活的关系，固然是明了社会变迁趋势的必需，但更为重要的，乃是通过知识演进的背景和过程，领悟和体会隐藏其中的理性精神和科学规律。

"新知文库"拟选编一些介绍人文社会科学和自然科学新知识及其如何被发现和传播的图书，陆续出版。希望读者能在愉悦的阅读中获取新知，开阔视野，启迪思维，激发好奇心和想象力。

生活·讀書·新知 三联书店
2006年3月

目 录

1 导言
1 　　约束还是创新？
11 　　简述本书论点
13 　　创新与生态现代主义
17 　　对人类世社会民主的再思考

23 第1章 三十年危机
25 　　温度检测
29 　　三十年危机：有意不作为的时代
35 　　人类繁荣的时代
38 　　环境政治的失守
45 　　本章小结

47 第2章 生态现代主义及批评
50 　　生态现代主义的定义
62 　　缺乏经验的环保先行者
70 　　与自然和谐共处
75 　　木章小结

79 第3章 技术上的难题
80 　　另类的愿景
106 　　本章小结

- 111 第 4 章 低碳创新政治学
  - 115 玛丽安娜·马祖卡托、弗雷德·布洛克与"使命导向型"创新
  - 123 新自由主义与平民主义进步反对派
  - 126 气候运动应该如何看待技术和国家?
  - 130 什么决定了国家创新率?
  - 136 本章小结

- 141 第 5 章 气候危害下的人类繁荣
  - 144 "第三世界主义"与"国际经济新秩序"
  - 149 附加条件
  - 153 当代的附加条件——生物技术与能源
  - 166 本章小结

- 171 第 6 章 全球社会民主与地球工程正义
  - 175 太阳能地球工程、风险及其脆弱性
  - 184 迈向全球社会民主
  - 189 本章小结

- 191 结语:气候及其隐喻
  - 194 生态现代主义、创新与异端邪说
  - 197 社会民主的气候对策

- 201 参考文献
- 219 致谢

导 言

约束还是创新？

1982年，当新闻秘书拉里·斯佩克斯（Larry Speakes）第一次被问及里根总统对艾滋病疫情的反应时，他回答说："我没得这个病。你得了吗？"这种蔑视为此后多年定下了一个基调：在这期间，成千上万的美国人死于艾滋病，而总统从不提起艾滋病。面对这种史无前例的流行病，里根选择了忽视、说教和排斥，而不是用科学来解决问题，也没有将受其影响的社区纳入公共卫生监管。官员们痛斥毒品及同性恋的邪恶，敦促教育工作者"把克制作为一种美德来教育学生"。实际上，里根的第一批预算削减了对医学研究以及可再生能源研究的投入。

20世纪80年代的美国共和党，致力于为"供给侧经济学"和占主导地位的"道德多数派"站台，他们在应对第一批受害者——包括同性恋者、注射毒品者和性工作者——时显得特别慌乱。一些宗教保守派将艾滋病病毒描述为上帝的惩罚，并严厉制裁同性恋和吸毒，美国也不例外。瑞典通过了强制（隔离）检疫法，中国方面曾否认艾滋病已进入中国，数千南非人因为姆贝基总统（President Mbeki）推广传统草药疗法并否认艾滋病病毒与艾滋病之间的关联而死于非命。此后，这些国家都迈出了一大步，建立了更包容、更有效的公共卫生制度。然而，最初受其影响的美国人群并不清楚该如何应对那些提倡简单化解决方案的空想理论家，一些同性恋者甚至质疑人类免疫缺陷病毒（HIV）感染是艾滋病的主因，他们反对滥交，甚至怀疑中央情报局秘密传播了这种疾病。逐渐有些积极分子制定了应对这个挑战的对策：他们发明并推广安全性行为和安全注射方法；要求国家资助的医学研究成果转用于民间；加强公共服务；在发展中国家生产和分销仿制药物。

直到1987年，美国国会才开始为有效的抗逆转录病毒治疗工作进行拨款（Danforth 1991）。虽然国家资助的创新是对抗艾滋病的必要手段，但社会改革也非常有必要。最初，像艾滋病解放力量联盟（ACT UP）这样的激进组织与压制态度和歧视性法律进行了斗争，重新进行临床药物试验，并要求增加医学研究资金（France 2016）。后来，发展中国家的患者也获得了救治，这个成果得益于全球民间社会运动，它成功地促使知识产权法规允许发展中国家低成本生产仿制药。更具包容性的公共卫生措施最终也取得了进展，乔治·布什总统的艾滋病紧急救援计划在其中发挥了重要作用。虽然艾滋病流行远未结束，且这方面的政治分歧依然存在，但进入21世纪，新感染率和治疗率都有了显著提高。

一本关于生态现代主义、技术和气候变化的书为什么要先回顾历史上关于艾滋病的辩论呢？原因在于这个类比能最为实际地彰显创新的价值。国家资助及用民主方式管控的创新尚未能在气候行动方面获得它应有的地位；相比之下，艾滋病活动家不仅为大幅增加艾滋病研究的投入进行了不懈的斗争，还为开放药物试验登记、取消对照组使用安慰剂药物，以及让所有人都能获得医疗服务而斗争（France 2016，第253页）。回顾历史，医疗创新应成为一项核心政治诉求，这再明显不过了。然而，同性恋群体遭人攻击，还有来自媒体的忽视以及医疗服务机构的歧视，艾滋病活动家很容易将矛头对准这些对手，而忽视了成效缓慢、更为复杂的医学研究过程。然而，正如历史学家戴维·法兰西（David France）在《如何在瘟疫中生存》（*How to Survive a Plague*）一书中所描述的那样，1987年，制药公司巴勒斯·韦尔科姆（Burroughs Wellcome）获得美国食品药物管理局（FDA）批准进行第一次艾滋病治疗的同一天，该公司宣布第一种HIV药物齐多夫定（AZT）每年需支付10000美元——远远超过许多医疗保险计划的承保上限。ACT UP对这种剥削性定价的愤怒促使活动家寻求医疗改革和创新。而这本书的目的之一，正是要呼吁采取与此类似的气候应对措施——并反对将创新视为与政治无关的事情。

将气候变化与艾滋病病毒进行类比的第二个原因是：在民族主义死灰复燃、国际不平等加剧及否认气候变化的严峻形势下，这个故事能鼓舞我们的斗志。它提醒我们，社区以前曾面对过"邪恶"问题，最终的解决之道是：大度包容及科学介入。只有将艾滋病视为一种医学疾病，而不是对受艾滋病影响的群体进行道德审判，才有可能达成和谐的应对方案（Sontag 1989）。值得注意的是，许多早期试图阻挠应对艾滋病病毒的错误文化逻辑在气候讨论中依然存在。例如，虽然现在很少有人认为禁欲教育是应对艾滋病病毒的有效方法，但里根支持独身的口头禅"要把克制当作美德来提倡"已经被那些提倡个人行为美德的人重新定位为合乎逻辑的气候应对方式。而正是"否认"——这个"禁欲"的双生子——使这两场辩论都陷入了困境。

第三，艾滋病病毒和气候变化都给先前的固有模式带来挑战。正如艾滋病病毒行动主义必须超越同性恋解放运动，当前正确应对气候变化的政治观念可能与20世纪的环境保护主义截然不同，后者的基本信念在气候危机错误理解期就已经形成了，如反对水力发电和核能发电——即便在今天，它们仍然是零碳电力的两大来源，也是仅有的国家电网脱碳技术（冰岛卓越的地热资源使其成为唯一例外）——曾经是现代绿色运动的核心观念。聚焦气候的政治观念可能对这些成熟的低碳技术持截然不同的观点。其实，反对"干预自然"的绿色禁忌同样也受到基因技术进步的挑战。例如，用转基因酵母制造的牛奶、低甲烷转基因水稻作物或转基因藻类生物燃料可能会大幅减少温室气体排放（Shuba 和 Kifle 2018）。随着气候变化的速度加快，那些反对此类干预的二十世纪绿色意识形态已经无法为有效应对气候变化提供完善的指南。

对精英阶层的贪婪和腐败的熟知促使艾滋病活动家将创新政治化，但是在气候政治中，情况正好相反。对精英阶层腐败的指控引发了一场关于气候变化真实性的文化战争，这纯属徒劳无功。一方面，"气候变化否认者"指责此中存在巨大阴谋，即渴望获得资助的科学家正与联合国勾结，试图推出社会主义世界政府的计划。保守派认为，全球变暖假说本身就很可疑，资本主义-消费主义现代性正在破坏生物圈的理论似乎与左翼议程沆瀣一气（Uscinski 等 2017；关于阴谋论的例子，可参阅 Inhofe 2012）。因此，早期的化石燃料说客质疑气候科学的鼓噪，如今已发展成了一场真正的否认运动（Hamilton 2013）。尽管对气候科学的否认在理论上毫无根据——越来越多的证据能被人们观察和经历——但保守的民族主义者有一点是正确的：许多气候活动家确实认为，有效的气候应对措施需要朝更深层次的国际合作和国际援助方向发展。本书也持这种观点——我认为，如果要保护最弱势群体免受气候危害，就必须实现全球社会服务保障和紧急援助。我呼吁重新思考国际义务，虽然这有点激进，但却反映了许多气候正义活动家的诉求。如果说第一世界普通人的生活方式已经间接、偶然地加剧了边远地区人口的贫困化，那么，一个理想的政治制度应该设计出一种新的模式，把全人类的命运连接在一起。

持政治进步观念的绝大多数人接受了气候变化这个事实，但其中很多人却对另一个阴谋耿耿于怀。纳奥米·克莱因（Naomi Klein）[2]对气候变化根本原因的分析即为一例：

> 我们之所以陷入困境，是因为那些能够给我们带来避免灾难最佳机会，并让绝大多数人受益的行动，对一个控制着我们的经济、政治进程和大多数主要媒体的精英群体构成了极大威胁。（2015，第18页）

克莱因是对的，碳密集型行业（包括能源、工业、农业和运输业）和之前的卷烟公司一样，确实已经开始反对环境监管，并扰乱公众对科学的认知。然而，克莱因以阴谋论的方式声称，人口占少数的精英阶层正在密谋伤害广大民众。即使一个阴谋论信念的基本轮廓还算准确，但它对阴谋动力学的执迷也会使其分析方法大打折扣。例如，有些人对美国在道义上的重大失误念念不忘，以至于他们忽略了那些反美专制政权本身的缺陷。

我担心对化石燃料行业不道德行为的过分专注可能会扭曲我们对减缓气候变化的理解。诚然，采掘业一直在努力拖延气候行动，但我们应清楚，温室气体排放是善良居民日常生活中使用技术的意外后果。我们所采用的理论框架——无论是"精英腐败"抑或是"意外后果"——都将影响我们的政治回应。许多气候活动家相信，可再生能源已经很优越，化石燃料必须依赖产业的政治力量才能维持其运作及生存。他们因此得出如下结论：我们需要动员一切政治力量，展开废除和抵制化石燃料的斗争，持续地对煤矿、输油管道和发电厂进行封锁，直至彻底摧毁化石燃料行业。尽管这些活动可能很有价值，但我认为气候行动主义也应该从更具战略性的全球角度来思考问题。我担心的是，在化石燃料的潜在需求仍然旺盛时，这些阻拦和封锁行动类似于压瘪一张气垫床：光知道挤压床垫，却不知道如何打开阀门，只会把空气在床垫的内部压来压去。一个煤矿被迫关闭，但如果化石燃料的需求量仍然很大，另一个煤矿就会增加生产。

削弱采掘业有一个更有效的方法，就是利用国家机构的力量开发出更优越的技术。当新技术比现有技术更具吸引力时，采掘业的王者要么失去权力，要么接受变革。柯达公司在数码摄影兴起后就迅速衰落了；杜邦公司在20世纪80年代后期开发了新技术，用于替代破坏臭氧层的氟氯烃，这些都是很好的例子。《蒙特利尔议定书》下的臭氧层保护（是不太环保的里根政府时期的谈判结果）可能是全球环境行动中最成功的例子，其成功的部分原因在于杜邦看到了技术优势带来的机会，它因此成为了国际监管的倡导者（Haas 1992）。

当零碳技术生产的燃料变得比化石燃料更便宜、更可靠时，类似的转变将水到渠成。在过去十年中，风能、太阳能和电动汽车都取得了惊人的持续增长。然而，它们还没有获得重塑市场的绝对优势。在我快要完成这本书的时候，英国石油公司（BP 2018）发布了2017年度世界能源统计报告：太阳能和风能在2017年获得了破纪录的增长，但它们的成功不足以阻止石油和天然气产量的稳步增长。2017年，全球煤炭消费量也有所增加，发电量的净增长略高于太阳能（煤炭在前几年略有下降）。即使在德国和丹麦这样的国家，虽然它们的可再生能源产业已取得政治优势，并赢得政府大力支持，但它们的温室气体排放量仍远没达到可以降低气候变化危险性的程度。

政府间气候变化专门委员会（IPCC）认识到了脱碳的困难，认为"新技术的开发对于实施碳政策的实际能力至关重要"（Somanathan等2014，第1178页）。奇怪的是，一些气候活动家对此持不同意的态度。他们坚持认为，我们已经"拥有了摆脱化石燃料所需的技术"，并认为我们现在只须同采取"榨取主义"的特权精英阶层进行集体斗争即可（Klein 2015，第16页）。低碳创新可能是集体斗争的理想目标，而新技术有助于我们迎接目前的两大挑战：消除温室气体排放以及提高即将达到100亿的全球人口的福祉。可惜这种可能性并没有得到重视。呼吁大家同压迫性的精英阶层进行集体斗争之所以具有吸引力，是因为这样可以将气候变化的斗争纳入以前许多社会正义运动所熟悉的模式。然而，应对气候变化与民权运动并不相像——它质疑的是人类社会的技术构成及政治和文化组织。正如ACT UP活动家将医学研究过程政治化以应对艾滋病病毒一样，气候行动主义也应寻求零碳创新的变革。

国家支持的技术创新是人类和生态繁荣的必要先决条件，这种观点与被称为"生态现代主义"（ecomodernism）的环保主义密切相关。2003年在美国加利福尼亚州奥克兰成立的环境智囊团"突破研究所"（Breakthrough Institute）公开地阐述了这一理念。然而，生态现代主义一词自 2013 年以来才被普遍使用（Kloor 2012；Asafu-Adjaye 等 2015）。生态现代主义的创新观点既不是人们所熟悉的那种对政府必须支持可再生能源部署的要求，也不是对资本主义创造性破坏的颂扬（Schumpeter 2010）。相反，它呼吁国家投资于目标导向的研究，以加速开发和部署一系列突破性的低排放技术，从而实现工业、运输、农业及发电业的转变。生态现代主义者乐于接受 21 世纪出现的全球生活水平趋同趋势（Milanovic 2011），并希望加快人类普遍繁荣的进程。然而，他们认为，在"生态充满活力的星球"上实现"人类普遍发展"的愿景还需要第二个核心原则，即"强化"。这一想法是，如果大多数生活在高密度城市的人，能够利用高密度能源及所有其他可用技术，以最少的人类足迹最大限度地提高农业生产效率，那么全球现代化必将会为大自然留出空间。

一个棘手的问题是，当今技术的发展使我们必须考虑温室气体排放和人类发展这二者之间的紧密关系（Bazilian 2015）。这带来了一个选择上的困境，到底哪一个应该优先考虑：扩大第三世界社区的能源供应，还是减少排放？社区对气候危害的抵御能力与社区的基础设施状况密切相关。如果较贫穷的国家要建造坚固的住房、医院、污水处理系统、公路和铁路来预防气候危害，它们就需要碳排放更高的钢铁、混凝土和石油。那么，富裕国家到底是否应该利用其影响力来阻止这类发展计划？纳奥米·克莱因认为，我们应该团结起来与精英榨取主义者进行斗争，这有误导的嫌疑，因为此种观点假设人类繁荣与生态保护之间并不存在矛盾，并回避了 80 亿人口在后资本主义时代将使用哪些技术来提供食物、住所、医疗和旅行服务等实际问题。解决这些问题确实需要集体斗争。第三世界已经开始崛起,并要求提高生活水平,保障平等的能源供给。与此同时,它们在富裕国家的盟友应该动员起来,增加对低碳创新的公共投资,以便在不加剧气候危害的情况下满足这些期望。鉴于世界上大多数人仍然生活在贫困之中,试图阻止第三世界的崛起将是不公正不道德的,也是愚蠢的,因为穷人同样憧憬美好的生活。

早在2006年,哈佛大学心理学教授丹尼尔·吉尔伯特(Daniel Gilbert 2006)就写了一篇颇有挑衅性的评论文章,题为《假如是同性性行为导致全球变暖就好了》。吉尔伯特指出,人类是社会性动物,其思维专注于人及其意图,我们特别容易受到公众谴责或道德指责的胁迫。相反,如果一个故事里没有居心叵测的恶棍,我们往往会忽略它的存在。我认为这解释了为什么保守派和进步派都热衷于阴谋论。保守派虚构了居心叵测的科学家试图建立"世界"政府的阴谋,而进步派则(更巧言令色地)编造了贪婪、榨取主义精英阶层的寓言,二者异曲同工。我们人类容易被不道德、特权集团的想法激怒。如果没有恶棍的存在,像气候变化这类进展缓慢的问题就会变得和退休计划一样索然无味,提不起大家的兴趣。或许我不应该对纳奥米·克莱因太过挑剔,毕竟编造道德上可信的故事,能引起公众对气候变化的兴趣。尽管这种观点存在漏洞,但能激起党派的义愤,这可能是社会应对复杂挑战必须经历的阶段。如果我们希望采取有效的气候行动,我们也需要讲述一个能准确反映气候变化主要特征的故事,即任何惠及现代生活的技术都可能会在无意中给地球带来伤害。

社会心理学还告诉我们,当人们认为威胁是由其他人造成的时,他们更倾向于承认威胁的存在。以2015年《巴黎协定》将气候升温限制在1.5℃的理想目标为例,这个目标始终就是一个幻想,它的制定不过表明了一种逃避事实真相的集体意愿罢了。事实上，即使今天所有的排放都停止了，地球变暖也极可能超过 1.5℃（Hansen 等 2008）。现在野心颇大的 2℃目标看起来也不可行。即便《巴黎协定》将 21 世纪变暖限制在 2℃目标的所有承诺能够全面实现，也只能将我们目前的排放轨迹与目标排放之间的差距缩小约 22%（UNFCCC 2015b，第 44 页）。在撰写本报告时，没有任何一个发达经济体有望实现这些哪怕已经非常微不足道的承诺（Victor 等 2017）。如果我们必须承认，到 2100 年气温将上升 3℃左右（22 世纪的气候变暖程度会更高），那么把它归咎于邪恶的精英阶层，要比承认我们的集体失败在情感上更容易接受些。而实际情况则更令人不安：当我从悉尼飞往墨尔本和家人共度圣诞节时，当一个稻农在排放甲烷的稻田上播种时，当建筑工人为新医院浇注混凝土地基和架设钢梁时，我们并没有恶意，但气候变化将成为这些善意行动的一种意外后果。

现在，人们对"危险的气候变化"已太过耳熟能详，变得不怎么关注它了。在短期内，许多气候危害将很难与全球不平等造成的日常暴行分割开来：无法获得高质量住房和医疗保障的人总是最容易受到极端天气、作物歉收、传染病和洪水的影响。这些反映了气候恶化的危害有增无减。随着时间的推移，气候变化对富裕社区的影响也将变得显而易见——特别是威尼斯和迈阿密这类城市，它们需要警惕海平面上升。然而，即使气候变化的恶劣影响正在加剧，这种变化过程也不大可能成为人们关注的焦点。人们总是关注眼前的问题，如就业、教育、医疗和生活成本。面对反常的野火、干旱和城市洪灾时，政治的焦点会转向当地的紧急救援措施和恢复正常状态的能力，而不是减少全球排放。即便是最恶劣的气候变化发生，如加拿大、俄罗斯和格陵兰岛永久冻土的融化释放了长期封存在里面的甲烷，并引发全球变暖，我们人类到时候也只会关心自己的生存问题。

我们显然已经陷入了一个悲剧性的困境。一方面,气候变暖危及人类事业(大多数其他物种也因为我们而受难)。另一方面,气候变化仍然只被当作一个次要的政治问题。目前的政策表明,人类世将目睹与我们物种最初进化时完全不同的行星环境。"人类世"是一个有争议的术语,它指的是一个地质时代,在这个地质时代,人类活动已成为塑造地球环境的主导力量。目前的争论主要围绕两个问题进行:人类世是否是一个有用的概念?人类世是从什么时间开始的?大气化学家保罗·克鲁森(Paul Crutzen)和湖沼学家尤金·斯托默(Eugene Stoermer)提议使用这个术语(2000年)时认为,人类世应该追溯到工业革命,因为化石燃料的使用正是从那个时代开始增加的。今天,人类活动正在无意中改变地球的生物群落和气候,这一点几乎没有争议。我们的挑战来自如何用民主的方法将人类对生态的影响控制在合理的范围之内。

简述本书论点

为了寻找一种能有效应对气候变化的政治,本书提出了三个论点。首先,我将澄清为何各国必须承担推动低碳创新使命这一要务。从历史上看,创新只是社会理论的一个次要问题。今天,有效应对人类世挑战的两个基本要素在于加快民主化和技术创新进程。归根结底,我们必须增加低碳的吸引力,以促使低碳政策在那些拒绝接受绿色价值观的政府和国家也能畅通无阻。虽然操控碳价格等政策工具有价值,但这样做在政治上也很脆弱。特朗普政府的上台表明,影响广泛的政治思潮并不能推动气候变化的缓和。那么,怎样才能实现技术进步的加速呢?我的论点是:国家是唯一有能力和有社会压力去承担这一角色的行动主体,而气候活动家则应该将创新需求作为其努力的核心。

第一个论点绝非我的首创。政府间气候变化专门委员会（Somanathan 等 2014，第 1178 页）以及众多学者（如 Garnaut 2008；Prins 和 Rayner 2007；Victor 2011；Brook 等 2016）和公共知识分子（Asafu-Adjaye 2015；Gates 2015）都已经认识到低碳创新的必要性。尽管如此，许多绿色活动家对以技术为导向的环境保护观念，如生态现代主义者提出的那些，持敌对态度。因此，本书的第二个主题将论述生态现代主义的政治特征和前景。我认为，生态现代主义应被理解为社会民主对全球生态挑战的回应。社会民主是一种意识形态，主张国家对资本主义经济进行监管和干预，以促进平等、人类发展和其他共同公共利益。与大多数社会民主党人一样，生态现代主义者是唯物主义者，因为他们关于人类福祉的理念包含了对物质舒适性的追求。今天，这种唯物主义已被许多绿党成员拒绝，因此，生态现代主义者对传统进步价值观的倡导似乎是保守的。这本书的第三个论题是通过对生态现代主义的社会民主概念及人文价值观进行反思和批判，从而拓展生态现代主义这个概念。第 5 章和第 6 章将谈到，在气候危害日益严重的时代，若想实现"人类普遍繁荣"，那么我们就必须将生态现代主义的社会议程扩大到"全球社会民主"视野内，需要为全球提供社会服务，需要对地球的系统治理进行全球性的民主控制。

因此，这本书具有双重目的。首先，它试图重新思考社会民主原则是否能够支撑人类世全球人类的繁荣。其次，它批判性地审视了生态现代主义、社会民主和其他进步思想之间的关联。具体而言，我通过以下方式推进上述目标：（1）概述与气候危机相关的关键驱动因子及其带来的威胁；（2）在政治上定位生态现代主义，并将生态现代主义思想与当代关于社会民主、发展和全球治理民主化的辩论联系起来;(3)明确生态现代主义的实践模式和迈向生态现代主义未来的动力来源。虽然我在总体上支持生态现代主义,但这本书希望对生态现代主义思想进行批判性的重构,并更明确地将生态现代主义与社会民主思想联系起来。我的目标是建构合理的理念,推动气候政策和气候行动的发展。

创新与生态现代主义

社会民主主义者应该如何应对气候变化呢?气候变暖给各国政府带来了新的负担,并进一步推动了民族国家的绿色化进程。然而,到目前为止,人们普遍认为,缓解气候变化并不需要从根本上改变国家在社会中的作用。各国政府为应对空气污染等地方环境挑战,开发和使用了相同的政策工具组合:碳定价、提高效率标准、对再生能源部署给予补贴。事实证明,光有这些措施还远远不够。今天,全球能源供应的碳浓度与1990年几乎相同。然而,由于全球经济的增长,2017年全球化石燃料的二氧化碳排放量比1990年高出57%。* 鉴于我们的目标是实现净零排放,那么前三十年气候政策制定的计分卡就有点可笑了(IPCC 2014a)。

化石能源仍然支撑着几乎所有的经济活动,并提供了全球79%的能源。由于我们的许多技术仍没有零碳替代品,而且主要工业排放机构在组织上很严密,在政治上对它们进行限制总会削弱碳定价本身发出的信号,而私营部门则拒绝承担突破性创新在融资方面的

---

* 数据来自英国石油公司《世界能源统计评论》;1990年,世界化石燃料排放量为21.95亿吨,2017年为33.44亿吨。这些数据从以下网址获得: https://www.bp.com/content/dam/bp/en/corporate/excel/energyeconomics/statistical-review/bp。

风险。这些因素表明，迈进良性人类世的最佳途径在于：制定一个更加明确的社会民主的应对方式，即各国须彻底改革先前的经济技术代谢模式，推进绿色创新，促进环保技术研发的突破。这些挑战非常巨大，创新必须能够使清洁能源满足需求，从而减少农业、工业和交通产生的温室气体排放，实现负排放，并开始修复更广范围的环境损害。

生态现代主义观念在环保主义者中颇有争议，这常常令局外人感到惊讶，他们非常正确地指出：生态现代主义者和传统环保主义者所担忧的问题大部分是相同的。然而，一些受人尊敬的绿色政治理论家主张"抵制生态现代主义"，他们将生态现代主义对国家改变人类社会技术代谢的呼吁看成是为新自由主义提供辩护（Fremaux 和 Barry 2019，第 18 页，第 1 点；另见 Collard 等 2015）。由于新自由主义通常指的是一种主张政府在经济中扮演较小角色的意识形态，而生态现代主义的核心论点是国家驱动更多的创新举措，因此这一批评令人困惑。然而，环保主义者潜在的主张似乎是，企业资本主义本质上是毁灭生态的，因此任何不明确反资本主义的气候应对方式都注定会失败（Wright 和 Nyberg 2015，第 167 页）。第二种批评集中在生态现代主义者试图实现全人类自由和物质繁荣的愿望。一些激进的生态学家认为，人类的自由依赖于对不属于人类的大自然的支配；因此，他们认为，我们必须限制这些自由，减少人类的数量（Crist 2015）。另一种绿色观点谴责西方文化的浪费和过度消费，并越俎代庖地认定贫穷世界应该选择一条不同的道路。他们认为，生态现代主义者支持第三世界人民平等享有现代性的权利是忽视了"增长极限"的生态现实，这充分暴露了他们对非西方文化的蔑视。

第 1 章和第 2 章对"绿色主义者"和生态现代主义者之争的关

键分歧进行了深入思考，并试图促使他们在一定程度上达成和解，且促进进步环保主义者之间的和解或至少尊重彼此的分歧。尽管某些实践证据表明生态现代主义者的世界观与其他有凝聚力的绿色意识形态之间存在分歧（Nisbet 2014；Bernstein 和 Szuster 2018），但环境保护主义始终都包含多种不同运动（见 Gottlieb 2005），其争论的话题也随着时间的推移而发生变化。然而，由于我很关注环保主义与创新之间的关系，我倾向于强调这些分歧。我通常会用"环保主义"一词来指对物种和生态系统的环境保护的普遍关注，这是绿党和生态现代主义者的共同点。我将用"绿色"一词来指那些主张通过选择简陋的小规模技术、减少消费和使生产重新本地化来修补人与自然之间裂痕的政治运动。相比之下，生态现代主义是一种反对绿色地方主义的环保主义，主张通过强化生产和持续的技术创新来减少人类对非人类世界的影响。

在第 2 章中，我试图阐明的论点是，生态现代主义在当代环境辩论中的作用在某种程度上与社会民主党在 20 世纪与马克思主义、法西斯、保守主义和自由放任主义冲突中的立场相似。与上几代的社会民主党人一样，生态现代主义者提倡在自由放任和反资本主义之间寻找"第三条道路"，他们捍卫科学推理、自由民主和平等的人文主义理想，反对环境主义中的后自由主义派别。事实上，正如先锋社会民主思想家爱德华·伯恩斯坦（Eduard Bernstein）与马克思和恩格斯的密切联系使早期马克思主义者更难忽视伯恩斯坦的社会民主思想一样，詹姆斯·汉森（James Hansen）和斯图尔特·布兰德（Stewart Brand）等标志性绿色人物的参与为生态现代主义提供了一些掩护。然而，我认为生态现代主义也可以从其批评者那里学到很多东西。鉴于气候活动家之间的分歧既包含不同价值观，也包含对事实的相反解释，第 3 章试图回顾其中的某些争论。在这章中，我认为超过 2℃的全球变暖几乎是不可避免的，在任何水平上保持地球气温的稳定都需要重大的技术创新作为保障。尽管气候变化的责任从根本上讲并不平等，但我们不能把它仅归咎于少数精英。相反，正是现代性的技术新陈代谢——第一世界普通人民和发展中国家的中产阶级都参与其中——导致了气候危害。

生态现代主义对创新的聚焦有时被贴上精英主义标签，许多气候活动家对其持双倍的怀疑态度，因为保守派也常提出以创新为主导的气候应对措施，并以此作为其不作为的幌子。其他人则抱怨，对技术的关注是"非政治性的"，因为它把"科学家、发明家和工程师"作为政治参与者（Hamilton 2015）。第 4 章将探讨创新的政治性，并认为创新从来都具有政治性；它在创造很多新的可能性的同时也会破坏某些人的生活世界。创新的分配所引发的后果意味着它常常面临政治抵制，工会为煤矿工人和发电站工人发起的"公正过渡"运动提供了一个如何将创新纳入渐进变革计划的宝贵案例，虽然这个案例仅具地方规模。"公正过渡"运动认识到，即使是对社会最有利的创新形式也可能给因之被取代的工人带来灾难，因此需要一个深思熟虑的社会政策将创新纳入一个涉及面更广的政治协商之中（Sweeney 2012）。生态现代主义的巨大挑战来自如何搭建一个团结的平台，使进步的社会与技术变革能够在全球范围内实现。虽然生态现代主义对绿色运动开出的许多处方持否定态度，但它本身也是绿色政治思想的产物。兰登·温纳（Langdon Winner 1986，第 55 页）是技术领域的杰出绿色思想家之一，他在气候危机之前就撰文指出，我们必须对"社会的技术构成"进行有目的的、批判性的及民主的控制，我们应该"寻求建立与自由、社会正义和其他关键政治目标兼容的技术制度"。生态现代主义者也怀抱与温纳相同的愿望。但他们认为，现在决定人类技术选择的应该是气候危机,而不是地方参与民主设定的目标。

对人类世社会民主的再思考

社会民主是否完全适合推动全球技术转型？正如瑞典政治经济学家詹妮·安德森（Jenny Andersson）所言,社会民主主义者在新经济结构的形成中持续发挥了积极作用（Andersson 2009）。然而,安德森所描述的早期社会民主思想已嵌入国家叙事中,并对国家经济和社会面临的挑战作出了回应。生态现代主义与社会民主主义有两个方面的不同。首先,生态现代主义的目标是生态——生态现代主义者认识到气候变化带来的潜在灾难性威胁,并寻求将气候治理与全球人类进步之间的矛盾协调好。其次,生态现代主义者的愿景是全球性的,而不仅限于国家。尽管他们将强大的国家视为转型的推动者,但生态现代主义者主要应对全球生态危机及全球发展带来的挑战。他们寻求提高全球生产系统的效率,使世界上所有人都能获得充足的粮食和能源,并给予所有人更多的行动自由,而不仅限于特定国家的人民或第一世界的精英。这种世界主义会带来两个问题：我把生态现代主义定性为社会民主主义是错误的吗？什么样的紧密团结才能支持迈向全球社会民主？

生态现代主义者既否认资本主义是生态危害最终根源的观点,也否认资本主义是生态危害的最终解决方案。相反,他们提出,资本主义创造的财富应该用于改善人类社会的技术基础。因此,生态现代主义显然包含了政治学家谢里·伯曼（Sheri Berman）所描述的社会民主的核心观点之一：虽然资本主义有助于创造物质繁荣,从而建立美好生活,但市场应该集体管理,以推进社会目标（Berman 2006,第211页）。至此一切都还不错,但社会民主的第二个鲜明的特点是民主社群主义[1]，与生态现代主义立场有点矛盾。当然，生态现代主义者强调，发展中国家有权选择自己的发展道路，即使这意味着它们要建设燃煤和燃气发电站，从而阻碍全球气候行动。他们认为，环境保护、经济发展和全球公平是相互支持和不可分割的目标（Nordhaus 和 Shellenberger 2007，第 269 页）。第 5 章质疑了反对"绿色条件"（Green conditionality）的社群主义观点，并在后殖民运动呼吁建立新的国际经济秩序和实现全球一体化发展的背景下，勾勒出生态现代主义的前身。

然而，生态现代主义者也呼吁富庶的民主国家将全球生态目标置于狭隘的国家经济利益之上，这个观点与社群民族主义一致吗？社群社会民主是应对人类世挑战的合适途径吗？第 6 章将探索全球社会民主的隐喻如何为生态现代主义应对气候变化提供指导方针。历史上存在过许多高度平等的小规模社区，但随着城邦、王国和帝国的出现，政治组织规模不断扩大，不平等也随之增加。前几代的社会民主主义者发现了如何组织一个庞大、复杂而且平等的社会。他们强化了国家、社区的社会纽带，这意味着社会的个体在整个国家及社区中感受到信任和团结，因此他们支持促进平等和提供公共服务的政府政策。

可是，与气候相关的不平等现象在国际上业已出现，这跟以往社会民主国家解决不平等问题的情形截然不同。实现气候正义的关键障碍在于社会团结的民族纽带与气候影响在分布上不一致：世界上最脆弱的人群——绝大多数生活在前殖民地的"第三世界"——是气候变化的主要受害者，但最能肩负责任、最有能力避免气候危机的行为主体是富庶国家，它们的人民最不脆弱。随着时间的推移，气候危害将加剧全球的不平等现象。由于没有全球民主政治机构，国家之外的社区团结纽带也少之又少，生态现代主义者面临严重问题。能否激励国家社区优先考虑全球目标？在不断恶化的气候危害中，人类能否达到普遍繁荣？全球生态治理能否被置于全球民主的控制之下？

第 6 章将论证人类普遍繁荣的目标需要全球社会民主契约。换言之，如果生态现代主义只关注减缓气候变化和环境保护，它将是一个精英主义的西方项目。首先，这是因为与气候相关的水资源短缺、海平面上升、作物歉收和极端天气事件已经给弱势群体带来了重重困难。那些现在最难以从现代性受益的人面临再次贫困化的风险。如果生态现代主义只应对气候变化的技术问题，而不首先解决气候变化带来的危害，那么，它对人类普遍繁荣的承诺将不具备任何实际意义。只有在全球范围内提供保健、教育和基础设施等社会服务，才能在人类世推动人类的普遍自由；当某些国家无法提供这些社会服务时，国际社会应为它们提供援助。鉴于气候变化主要是由全球人口中 20% 最富裕的人的生活方式造成的，这种援助符合广为接受的公平标准。用规范的理论语言来说，气候变化正在创造一个"全球命运共同体"，它将产生公正的义务：富人有义务补偿和帮助他们间接伤害的弱势群体。然而，由于社会民主主义优先考虑政治上的自主性，他们也将寻求维护国家的自主。

在本书中，我使用"第三世界"一词来描述亚洲、非洲和南美洲的一些发展中国家与前殖民地国家（这些亚非拉国家几乎全都是前殖民地），这些国家现在通常被称为"全球南方"。我使用这个略显过时的术语有两个原因。首先，考虑到非经合组织国家的财富差异与历史经历，诸如"全球南方"或"发展中世界"等笼统称号能促进政治上的简化还原。在我试图强调某些区别时，我会使用世界银行对低收入、中低收入、中等收入和高收入国家的分类。然而，我也使用"第三世界"一词来描述中等收入国家，因为正如第 5 章所探讨的，生态现代主义的发展观与反殖民"第三世界计划"在某些方面产生了共鸣。从历史上看，这是一场最重要的政治运动，它憧憬一个所有人都能过上现代生活的世界。

未来应该由民主决定，而不是由未经调节的市场来选择，这一直是社会民主的核心理念。这就是谢里·伯曼所说的"政治至上"与"经济力量至上"的对立（Berman 2006）。虽然很多生态治理的决策在本质上是全球性的，但政治上重要的身份大多来源于国家，且全球治理机构也远非合法或民主的，这种情况下社会民主原则如何适用呢？关于"地球系统治理"的文献越来越多，这一术语指的是引导社会应对环境变化的努力，它表明缺乏民主制度也并非一个不可克服的困难。治理可以通过非国家行动者网络、多边合作或"嵌套"机构来实现（Ostrom 2012）。然而，倡导人类普遍繁荣的生态现代主义者至少还必须号召更广泛的全球机构参与进来，以确保所有人的平等代表权。

虽然学者们对"渐进式全球化""全球民主"和"地球系统治理"的理念表现出了一定的兴趣，但这些论点往往未能充分认识到生态危机的严重性（见 Jacobs 等 2003；Rockström 等 2009）。例如，地球系统治理文献中的主要内容涉及通过对温室气体排放、资源采集、氮径流、栖息地破坏等加以控制来限制人类活动对生态的影响，这些努力的目标通常是把人类"安全操作空间"划定在维护生态边界之内。但至少就气候变化而言，我们很明显已经处于安全操作空间之外，正在加速进入未知领域（Rockström 等 2009）。一些人现在主张研究太阳能地球工程技术，如海洋云层亮化，以帮助抵消气候变化的某些影响（Reynolds 2014）。大多数环保主义者反对地球工程，因为他们正确地指出，防止气候变化比掩盖其症状更可取。不幸的是，人类导致地球变暖现在已成确凿事实，因此我们并不是在"良性缓解"和"傲慢的地球工程"之间做选择，而是在不同的伤害之间做选择。第6章指出，持禁止太阳能地球工程观点的西方掩盖了其残酷的双重标准。西方反对者坚持认为，发展中国家保护本国人民免受气候损害的有意行为的管理规则应该与造成气候损害的无意行为的管理规则之间存在极大的不同。我的观点正好相反，由于发展中国家人民受气候变化的影响最大，因此发展中国家应该主导有关太阳能地球工程的决策。

虽然加强全球气候治理的民主合法化道路无疑非常漫长，但全球社会民主契约的两个基本要素是相辅相成的。从历史上看，随着社会服务的扩展，社会内部将出现高水平的社会信任，而不是相反。因此，一个全球社会安全网的建立能够增强国际互信。更强的社会信任反过来有助于深化全球政治机构。全球社会民主的想法似乎不太可能实现，但它之所以不可行，主要是社会和政治阻碍所致，而非物质限制所致。例如，今天全球人均国内生产总值的平均值高于1948年英国国民医疗服务成立时的人均收入。然而，在缺乏更开阔的社会视野的情况下，生态现代主义的创新和强化战略也有可能被成功地用于保护富人免受最恶劣的气候变化影响。此外，人们或许会轻易将中国当前的发展轨迹解读为威权主义创新主导的环境治理案例，但威权主义生态现代主义，或未将创新和地球系统治理民主化的生态现代主义是恐难实现生态现代主义关于人类普遍繁荣的夙愿的（Symons 和 Karlsson 2018）。

最后，请读者注意：这是一本关于生态现代主义思想的书，而不是关于生态现代主义者的书。由于我聚焦于气候变化，与气候政策最密切相关的生态现代主义思想即是我的重点。在第2章，我将简要介绍生态现代主义的主要思想，相关资料主要来源于突破研究所的出版物以及特德·诺德豪斯（Ted Nordhaus）和迈克尔·谢伦伯格（Michael Shellenberger）早期合著的书籍。2016年1月，谢伦伯格离开了突破研究所，成立了一个新的、更积极倡导使用核能的组织，名为"环境进步"。本书将不会讨论"环境进步"及其"原子人文主义"思想。虽然我没有刻意调查谢伦伯格离开突破研究所的原因，但这两个组织采取了明显不同的政策立场和风格。2018年，谢伦伯格欢迎特朗普政府为核电和燃煤发电提供政策支持的决定，而突破研究所则谴责了这一举措（Shellenberger 2018）。谢伦伯格认为，特朗普政府的政策将更能促进核电生产，而非燃煤发电，因此将带来净气候效益。即使谢伦伯格的计算是准确的，我认为，无论支持燃煤发电，还是支持一位否认气候变化的总统，皆为战略及伦理上的失败之举。然而，我感兴趣的不在于这些无关宏旨的具体事例，而在于以创新为重心的环保主义的深层寓意。

1 社群主义（communitarianism）又称社区主义、共同体主义，20世纪80年代成为一个政治哲学术语，提倡民主，但与个人主义、自由主义相对立，强调个人与群体之间的联系，认为自我、社会认同、人格等概念都是由社群建构的，主张重新评估社群的意义，恢复人们日渐淡漠的社群意识。——译者注（如无特殊说明，章尾注均为译者注）
2 纳奥米·克莱因是一位加拿大记者、作家，也是一位有影响力的全球化批判者，著有《NO LOGO》《休克主义：灾难资本主义的兴起》等。

第 1 章
三十年危机

生态现代主义者常常被称为技术乐观派，这让我感到困惑。大多数生态现代主义者对气候变化的未来轨迹持悲观态度，他们认为，远高于 2℃ 的全球变暖已无法避免。他们大多也对现有技术实现脱碳的潜力持悲观态度，认为我们缺少实现工业、交通和农业零排放的成熟技术。生态现代主义者还对风能、太阳能等间歇性可再生能源提供全部电力的设想持悲观态度，因为电网的稳定运行需要稳定的可调度电力来源。他们担心，已证实为零碳的可调度电力来源——核能和水力发电——缺乏公众支持，因此不太可能得到大规模建设。他们认为，为了避免气候危害而让所有社区放弃航空、肉类、奶制品、汽车、钢铁、混凝土或大家庭，无异于痴人说梦。最后，生态现代主义者对国际合作的前景也感到悲观——他们怀疑各国是否会接受高碳价及有约束力的排放承诺，怀疑它们是否能通过建设跨星球超级电网来克服地方间歇发电的局限。

那么，生态现代主义者为何会被称为乐观主义者？我认为这是因为，尽管气候变化将被证明是灾难性的，但他们仍然认为，通过明智地运用科学创新，"一个良好的人类世"仍有实现的可能。许多绿色环保主义者讲述了人类的衰退，并提倡回归更原始的简陋技术，但生态现代主义者指出，人类福祉在不断取得进步，并敦促我们对科学和技术保持信心。鉴于科学进步会带来意料之外的后果，生态现代主义的立场确有乐观的信念飞跃之嫌。但一些生态现代主义者视此种乐观主义为战略，因为他们认为积极态度终能带来良好结果。此外，生态现代主义者对技术创新的倡导，是他们在权衡比较之后作出的判断。他们非但不相信技术将开启所谓的乌托邦未来，而且还提出，在社会变革的同时利用科学创造力来应对气候变化，会比拒绝"狂妄"技术、拒绝干预自然的做法取得更好的效益。最后，生态现代主义者的乐观还体现在，尽管他们知道当今世界还存在严重的不平等，他们依然怀有人类福祉将不断提高的坚定信念，在这里，生态现代主义者"同时持有两种观点：世界上正在发生糟糕的事情，但许多情况正在好转"（Rosling 等 2018，第 248 页）。一些人则针对这种对进步的"颂扬"提出批判。鉴于国际平等仍然任重道远，他们认为西方精英表达出来的乐观主义为时过早，而且自私利己。我同情这种批判，但我认为更重要的辩论应关注如何在保护一个宜居星球的同时也强调人类的福祉。生态现代主义者为此提供了一些重要思路，他们对这些有价值，但存在潜在矛盾的目标进行了调和。

在我们思考生态现代主义如何应对这些挑战之前，我想先概述一下影响全球气候政治的一些主要趋势，我们对这些趋势的一些系统性误解，以及绿色运动应对气候变化的一些先前承诺，作为接下来的讨论的背景信息。本章最后将指出，环保主义者对创新、大规模技术运用及国家的怀疑，已经构成对有效气候行动的阻碍，这并非否定绿色文化批评所具有的价值，因为但凡在绿色运动有影响的地方，都建立了更具包容性、更安全和更具弹性的社区。然而，事实证明，绿色思维在人类福祉的实际改善方面比在气候应对方面更有价值。有效的气候行动必须使第三世界能够从大规模扩大现代能源中获益，同时还要实现全球经济前所未有的技术转型。尽管已经出现了"全球思考，本地行动"的口号，但绿色环境保护主义对气候变化的行动规模太小，与气候挑战的严重性不成正比。

温度检测

气候变化在全球政治议程上占据中心位置已经30年了。1988年，世界各国领导人在多伦多国际大气变化会议上碰头，承诺到2005年将温室气体排放量减少20%。同年，政府间气候变化专门委员会成立，美国宇航局戈达德空间研究所所长詹姆斯·汉森教授向美国国会委员会证实，气候变化已经开始发生。各国领导人都已经充分了解到气候风险，但在这之后的30年里，我们到底取得了多少进展？请拿起笔，写下您对以下问题的回答：

1. 为了阻止持续的人为气候变化，全球温室气体排放最终需要降至零。1988年至2017年，全球化石燃料二氧化碳年排放量：

（a）减少约60%；（b）保持稳定；（c）增加约60%

2. 2017年，全球总能源消耗的多大比例（用于电力、供暖、运输、工业等）来源于化石燃料？*

（a）大约40%；（b）大约66%；（c）大约80%

3. 全球约四分之一的温室气体排放来自电力生产。2017年，以下哪种接近零排放能源生产了最大电量：

（a）水电；（b）核电；（c）风力；（d）太阳能光伏

4. 2017年底，太阳能在全球电力生产市场中所占比例是多少？

（a）小于2%；（b）小于10%；（c）大约20%

5. 2017年，非经合组织国家（发展中国家）占全球化石燃料二氧化碳排放比例：

（a）小于10%；（b）约33%；（c）超过60%

6. 2017年，煤炭占全球最终能源消耗的27.6%；1988年，煤炭占的份额为：

（a）略多于50%；（b）大致相同；（c）略低于50%

7. 1988年至2018年，生活在全世界的极端贫困人口：

（a）增加约三分之二；（b）保持不变；（c）减少约三分之二

8. 价格差异调整后世界上大多数人口的收入为：

（a）每天不到2美元；（b）每天少于10美元；（c）每天超过10美元**

就以上题目，我询问了悉尼麦考瑞大学的学生，他们的答案相

---

* 根据英国石油公司的数据，2017年，化石燃料提供了86%的交易燃料及可再生能源生产出来的能源。如果我们把传统的生物质能（biomass）也算进来，化石燃料在世界能源中的份额约占79.5%（REN21 2018，第31页）。

** 答案如下：c，c，a，a，c，b，c，b。

当一致。尽管他们普遍对气候不作为感到悲观，但对可再生能源取得进展的评估要比实际情况更好，他们低估了消除极端贫困所取得的进展，虽然大多数学生正确地猜测到，大多数人每天的收入不到10美元。在问卷中，我特意将低碳能源从最高发电量（水力发电）到最低（太阳能光伏发电）进行排序。但我的学生普遍认为太阳能（有的认为是核能）提供最多能源。事实上，水力发电占全球电力供应的16.4%，是风能（5.6%）和太阳能（1.9%）总和的两倍多。我觉得学生们对可再生能源进展的夸大可能反映了他们对绿色运动的热情。虽然风能和太阳能的利用率确实创下了历史纪录，但它们的成功没能阻止化石能源消耗的增长。与此同时，人类福祉的重大进步都与所有发生在经合组织之外的排放增加相关。因此，大多数国家和大多数人现在更能承受气候的危害。因此，自1988年以来的30年里，排放量迅速增加，人类物质财富也取得了前所未有的进步。我们有理由相信，上述趋势定义了我们这个时代的特征。

排放量的增加、贫困的减少和国家之间不平等的加剧，不仅仅是由于个人利己行为的聚合而无意涌现的，它们同时也反映了有目的的政治选择。一方面，富裕社区不喜欢碳定价，也不愿意投资低碳创新；另一方面，第三世界社区强烈渴望获得更多能源。2014年，世界第二和第四人口大国的总统选举充满了戏剧性。国际媒体将纳伦德拉·莫迪（Narendra Modi）描绘成一个右翼印度教民族主义者，其人权记录毁誉参半；相对而言，佐科·维多多（Joko Widodo）则是一个富有自由主义色彩的改革者，他出生于贫民窟，对印度尼西亚精英阶层的权力构成了挑战。然而，这两位领导人的选举纲领有一个共同点——他们都承诺大幅扩大发电和并网供电。事实上，他们也都倡导大力开发可再生能源。莫迪总理素以太阳能爱好者著称，而佐科总统的业绩包括对补贴传统燃料的做法进行改革，这种补贴有时能消耗掉国家预算的四分之一。然而，化石燃料仍然处于每个国家发展的核心位置。例如，2017年，印度和印度尼西亚的煤炭消费分别增长了4.8%和7.4%（BP 2018）。由于人均电力消耗量远低于美国、澳大利亚或新加坡等富裕国家的十分之一，如果普通印度人和印度尼西亚人将获取现代能源置于比缓解气候变化更优先的位置，没有人会对此感到惊讶。*不幸的是，其结果是温室气体排放量增加。尽管印度和印度尼西亚都是世界银行称为"中低收入"的国家，但这两个国家都足够强大，不会让外界决定它们的能源选择。

全球气候应对措施产生效果的前提条件是，我们必须认清一个事实，即西方霸权时代已经结束，由贫困地区及国家组成的第三世界联盟也同样要求享受阳光。也许当今最具可行性的发展模式是：随着制造业和服务业在经合组织之外地区的扩展，全球中产阶级的规模迅速扩大。但经过几十年的稳步发展，仍有大约40亿人每天收入低于8美元（按购买力平价折算），他们目前对气候的影响微乎其微。随着越来越多的人生活达到了小康水平并延长了寿命，他们对气候的影响将越来越大。这就是为什么我不认可以下论点：有效的气候应对措施应该侧重于降低经济增速，减少消费。如果我们只讨论世界上最富有的10亿人，这样的战略还有价值，因为富国居民可以减少消费对气候有害的产品，如用蔬菜代替肉类、少开车等，同时可以生活得更舒适，更幸福。但应对气候变化必须考虑到全球的情况，要考虑到还有数十亿人连基本物质需求都没得到满足。

---

* 参见国际能源署的《能源地图》(*Atlas of Energy*)，http://energyatlas.iea.org/#!/tellmap/-1118783123/1。

三十年危机：有意不作为的时代

英国前外交部官员，后转而从事学术研究的爱德华·哈利特·卡尔（Edward Hallett Carr）1939年9月出版了一本国际关系学科的经典著作：《二十年危机：1919—1939》。这本书考察了国际联盟在第二次世界大战爆发前的二十年期间在国际紧急局势处理方面的失误。虽然卡尔的关注中心在国家安全，但他的分析重点是一种普遍趋势，即当时的政策是建立在一种乌托邦式的愿望和天真之上，而非在对潜在力量的准确理解。卡尔写道："当人类开始在某个新领域中展开思考，一个初始阶段内，愿望或目标因素会变得异常强烈。"（Carr 2001，第6页）卡尔写这部书时，人类社会刚刚获得了蓄意自毁的技术能力，他感兴趣的研究题目是能防止诉诸战争的政治制度及策略。在气候变化方面，挑战则有点不同：我们现在已经具备了无意自毁的技术能力，且正在寻找全球政治机制和策略，以控制经济活动带来的意外恶果。正如卡尔将两次世界大战之间的时期描述为"二十年"危机一样，我们可以将政府间气候变化专门委员会于1988年成立以来的30年视为气候治理的"三十年"危机。

同样，国际社会的失败再次印证了过多"愿望因素"的存在。迄今为止，全球的减排甚至连每年排放量的增长都未能终止。20世纪80年代，全球排放量以平均1.9%的速度增长，20世纪90年代，随着中国能源效率的提高和前苏联区域的去工业化，增长率下降到1.1%左右。然而，中国以煤炭为基础的快速工业化在21世纪的第一个十年中，出现惊人的每年3.1%的排放增长。21世纪10年代，情况稍好些，2010年至2017年的平均增长率为1.1%，与20世纪90年代的增长率相近（见Peters等2017）。为什么不采取行动？我认为，核心问题是：从环境行动主义到外交谈判，各方均未能将气候变化理解为一项技术挑战，需要开发和部署全新的零碳技术。相反，在谈判缔结国际协议并制定各国减排目标时，气候变化被毫无例外地视为不具挑战性的环境问题。

假如温室气体排放是核弹头，且各国能互相承诺减少核弹数量，那么这种方法还有可能奏效。假设你国拥有 1000 枚核弹头，而我国拥有 500 枚，双方有可能会同意各削减 90% 的核弹头，即分别减到 100 枚和 50 枚。只要我们能确定监测和遵守机制，我们便可握手庆祝这一外交成果。环境的协商也可采用同样的方法，但前提是我们具备技术解决方案。例如，20 世纪 80 年代后期我们通过类似的互惠承诺框架成功解决了臭氧层损耗问题，为确保全球国家的普遍参与，我们设定了逐步减少破坏臭氧层有害物质的机制（根据 1987 年《蒙特利尔议定书》规定，最初削减 50%），对代价过于昂贵的削减项目则实行"必要用途"豁免方案，并设计了激励政策（Victor 2011，第 43~47 页）。1992 年《联合国气候变化框架公约》（UNFCCC）谈判期间，谈判人员使用了同样的模式。然而，气候挑战与臭氧层损耗（或核裁军）完全不同。关于消耗臭氧层物质的《蒙特利尔议定书》之所以能够取得成功，是因为化学品公司在没有政府帮助的情况下可以提供或随时开发技术替代品。气候谈判则面临更大的难题：在许多经济领域缺少可用技术替代品的情况下，排放清零到底如何才能实现？

假如气候变化是一个快速发展的过程，创新的必要性将会更明显。例如，在 2013—2016 年西非埃博拉疫情期间，没有人会质疑国家应优先资助这方面的医学研究。奇怪的是，在气候谈判中，创新政策一直处于边缘位置。此外，温室气体排放对环境的影响存在时间差，这也使谈判、决策和政策实施存在时间差（Geden 2016）。

国际协议接踵而至：《联合国气候变化框架公约》（1992年）、《京都议定书》（1997年）、《哥本哈根协议》（2012年）、《巴黎协定》（2015年）；与此同时，全球排放量却在稳步上升。1988年在多伦多承诺的大胆减排计划已开始淡出公众视线，而《巴黎协定》关于将气温上升幅度保持在远低于2℃的承诺将不了了之。一代又一代的政治家作出了雄心勃勃的长期承诺，可是他们永远不会为此承担责任。一些国家，如瑞典和英国，在减少本地来源的排放方面取得了实际进展。然而，他们以国家为中心的思维方式决定了他们无法为制定全球可扩展的应对措施提供太多帮助。最令人不安的是，虽然脱碳举措无论在政治上还是在社会上都是可行的，但大部分国家没有在研究和创新方面投资，当然也存在一些例外，如奥巴马政府倡议的"创新使命"计划。

另一个困扰气候政治的问题是，人们习惯于将现在的表现与过去进行对比，而不是将它与需要达到的目标进行对比。每当我们安装了更多的太阳能电池板，制造了更多的电动汽车，或将年排放量稳定下来时，我们往往会得意扬扬。但我们的目标是阻止气候变暖，我们必须将排放量降至零，而与过去表现进行对比偏离了这一目标。一些媒体在报道中对2014—2016年全球排放量的稳定表示祝贺，可是，稳定的排放意味着二氧化碳在大气中以大致恒定的速度累积。另一个误导性的里程碑出现在2015年，当时新可再生能源的安装容量首次超过了新化石燃料的安装容量（Randall 2015）。由于"容量"是衡量最大潜在发电量（即阳光照耀时的太阳能发电量，或燃煤电厂满负荷运行时的发电量）的指标，因此，装机容量的比较并不能披露总发电量的信息。不幸的是，化石燃料总发电量仍在继续增加。为了限制变暖，必须中止大气中温室气体的累积，全球温室气体排放必须清零。只有到那时，大气中的温室气体浓度才会真正稳定下来，并通过自然吸收开始缓慢下降。如果我们每年都未能减少排放，避免气候变化危险这个目标就会离我们越来越远。

预测未来排放量的一种方法是测量"排放承诺"。如果世界范围内所有现有排放二氧化碳的电力基础设施在其预期寿命期内继续运行，将会产生多少总排放量？2018年的一项分析表明，它们将在全球排放约3000亿吨二氧化碳（Pfeiffer等2018）。由于能将变暖限制在1.5—2℃的排放量大概在2400亿吨左右，且由于电力部门以外还存在不少排放源，这些数字一点都不乐观。此外，还有煤炭和天然气工厂管道的建设计划。世界的困境将加剧，因为大部分新增设施都在印度和印度尼西亚这类中低收入国家，它们急于提高能源总量，以提高人民的生活水平。计划建设设施的未来排放量将几乎翻倍，即增加2700亿吨二氧化碳（Pfeiffer等2018）。当然，煤炭和天然气管道的建设已开始收缩，某些计划中的基础设施可能会被取消。不幸的是，中低收入国家并没有其他选择：煤炭和天然气工厂仍在大规模建设中，其所有者和融资方将它们的设计寿命定为30—60年。根据基础设施建设的惯性，即使每个国家都履行了《巴黎协定》的承诺，2030年的全球排放量仍将高于今天，到2100年，气温上升有可能超过3℃（UNFCCC 2015b，第44页）。

政府间气候变化专门委员会（IPCC）的第五份评估报告包括一系列"碳预算"。这些预算详细说明了把气候变暖控制在1.5℃、2℃或3℃范围内的相应可排放碳总量，目的是为决策者提供一个简便指南。根据其估算，如排放量继续以目前的速度增长（2017年约370亿吨二氧化碳），保持三分之二的机会避免1.5℃升温的预算将在2021年耗尽。2℃变暖的预算将在大约15年后耗尽。也就是说，即使排放在2037年后完全停止，仍有可能存在2℃左右的气候变暖。当然，你可以通过节约来延长预算的时限：以2℃预算为例，如果排放量以稳定的速度下降到零，预算要到21世纪50年代才耗尽。但鉴于几乎所有来源的温室气体排放量仍在增加，我们无法想象在40年内能实现零排放（这是避免变暖2℃的必要条件），2024年达到避免升温1.5℃就更不用提了。因此，将变暖限制在2℃就需要在21世纪后半期保持实质性的负排放。目前还没有成熟的或社会认可的技术能在满足生存必需的规模上实现负排放。植树或增加土壤的碳含量可能会有所帮助，这在澳大利亚可以借鉴土著的传统耕种方式来实现（Pascoe，2014）。然而，这些"自然"策略本身与所需的负排放规模相比远远不够。IPCC报告（2014b，2018）表明，除非出现奇迹或科学谬误，否则气温上升高于2℃几乎无法避免。

IPCC的"预算"是否提供了准确的指南？2017年以来发表的几篇论文表明，剩余的碳预算有可能比IPCC的估计量高出几倍；使用不同假设和建模方法的其他几项研究表明，1.5℃目标的预算已经耗尽。这些观点显然不可能都正确，但它们在科学上是说得通的。我们可能已经耗尽1.5℃的预算，要不然2016年至2100年的二氧化碳排放量增长有可能控制在475亿吨（Peters 2018，第378页）。2℃预算的科学不确定性更大。因此，21世纪的气候变暖可能处在极具挑战性（1.5℃）和世界末日（>4℃）的范围之间。因此，一些专家现在建议我们应该整体放弃碳预算概念。既然我们知道，将气候变化稳定在任何水平上最终都需要将全球排放量降至零，我们的目标就应该是尽快实现零排放。奥斯陆国际气候研究中心的格兰·彼德斯（Glen Peters 2018，第378页）认为：

> 碳预算与政策并不完全相关。碳预算是全球性的，需要转

化到国家的路径上。不管碳预算如何,排放量必须在2050年到2100年之间达到零(如《巴黎协定》所明确的)。早日实现这一目标将带来更低的温度。出于平等的要求,富国要在穷国之前先达到零排放。碳预算概念或许已经完成了它的使命,时间紧迫。

把零排放作为目标也排除了多少排放才可接受这个问题的模糊性。如果一项活动产生排放,那么就必须用零碳替代方案来取代(或完全取消掉)。以国际民用航空组织(International Civil Aviation Organization,简称ICAO)2016年的协议为例,该协议旨在通过逐步提高效率和"碳抵消"(最有可能是植树)来稳定2020年后的航空排放。这种方法与避免变暖危险的策略并不相称,因为它无法通过零排放的测试。我们的目标——如果我们不想禁止航空的话——是开发和运用零碳航空燃料。我之所以强调零排放,是因为它能清楚说明,为何创新对有效缓解气候危机至关重要。

把零排放作为目标并不意味着排放预算规模和预期变暖程度已无关紧要。但当我们决定该如何适应气候变化时,了解气候变暖、海平面上升及其他危害的规模非常重要。举个例子,我对排放量如何匹配碳预算这个问题有自己的看法,我认为3℃的变暖不可避免,后果是灾难性的。按我的估算,海平面上升将威胁到上海、孟买和迈阿密等大城市,并在21世纪末使孟加拉国等国家低洼地区的数千万人口流离失所。鉴于这种迫在眉睫的危险,我虽然很不情愿,但必须得出如下结论:是认真考虑利用太阳能地球工程来人为阻止变暖趋势的时候了。正因为我对未来极度悲观,我才会考虑这种傲慢的、行星级别的干预。假如碳预算存在更大空间的话,我的想法也不至于如此激进。

人类繁荣的时代

1988年以来的30年里,在避免气候变化方面,进展缓慢。但这个气候不作为时代显然也是人类空前繁荣的时代。截至2018年的30年中,儿童死亡率下降了约一半,生活在极端贫困(每天收入1.90美元以下)的全球人口比例从约37%下降到约10%,全球识字率从约68%上升到约83%。随着中国追求燃煤工业化,生活在极端贫困中的中国人口比例从大约三分之二(66%)下降到大约五十分之一(2%)(World Bank 2018)。中国人均GDP已从1990年的318美元左右上升到2017年的7328美元左右。尽管许多国家的不平等现象有所加剧,但全球收入不平等有所下降,这主要归功于中国和东亚的崛起(Milanovic 2011)。

由于这一快速进步,今天的社会更有条件应对气候危害了。关于气候适应的讨论往往侧重于物质方面的基础设施,如抵御极端天气的海堤和建筑物等。然而,医疗保健的改善也同样举足轻重,因为它们可以提升抵御各种气候威胁的能力。例如,洪水泛滥情况正在恶化,在孟加拉国和巴基斯坦等相对贫穷的国家,洪水之后往往会暴发传染病。随着这些国家日渐富庶,公共卫生响应机制和暴雨管理措施将让人能够应对这些挑战。随着收入阶梯的上升,更昂贵的气候适应模式成为可能。例如,尽管目前热浪在印度和美国都变得更加极端,但热浪死亡人数在印度不断增加,在美国却在减少。关键区别在于空调在美国的日益普及(Mazdiyasni等2017)。财富确实是可以减少气候危害的。

尽管这个有意不作为的时代是人类空前繁荣的时代,但人类福祉的增长远落后于财富增长。由于劳动收入使绝大多数人口脱贫,但失业人口仍然深陷贫困之中。一些人认为,不平等加剧几乎是快速增长和工业化的必然结果。但按历史标准进行对比，现在接近中等收入水平的国家在公共服务和社会福利方面的发展速度非常缓慢。拉吉·德赛（Raj Desai）观察到如下现象：

> 按人均收入计算（按 2005 年国际美元计算的购买力平价），今天的印度比 19 世纪 80 年代末的德国还要富裕，而当时俾斯麦为所有德国工人建立了缴费型社会保险计划。印度尼西亚今天的富裕程度堪比 1935 年的美国，而美国在那一年通过了《社会保障法》。中国现在比 1948 年的英国更富有，而当时英国已建立了国家卫生服务。（Desai 2015，第 315 页）

中低收入国家采取何种社会政策，将对消除极端贫困的速度以及最贫穷社区可承受气候危害的能力起到重要作用。尽管我对全球极端贫困人口比例下降感到欣喜，但现在贫困程度与解决贫困能力之间的差距，比以往任何时候都要大。

后面我会讲到，生态现代主义吸收了发展主义的经济理论，这些理论是由"二战"后完成了去殖民化的国家提出的。在这个时代，所谓"第三世界"经济意识形态的一个假定是：国家发展、工业化和促进经济平等是相互关联的。例如，墨西哥政治家和经济学家劳尔·普雷比什（Raul Prebisch 1962，第 24 页）认为，"收入分配的不平等将抑制大规模生产产业的出现，而后者是发展过程的重要一环"。今天，新兴经济体的经济和社会政策都没有把重点放在平等和脱贫上。然而，还有一个领域与 20 世纪 60 年代的发展主义保持了连续性，即第三世界政府仍然将经济增长和工业化置于全球环境挑战之上。在 1993 年的一篇文章中，政治学家马克·威廉姆斯总结了第三世界联盟自 1972 年以来在全球环境谈判中采取的四个立场:(1)"全球环境问题的责任在于工业化国家";(2)"任何改善措施都不应妨碍'第三世界'的发展前景";(3)通过"从北向南自由转让技术"来支持环境保护;(4)"第三世界国家要求转移额外资源以加强环境保护"(Marc Williams 1993,第21页)。这四个立场很好地总结了这些国家在随后几十年气候谈判中的态度。然而,自1993年以来,第三世界的态度有所软化,大多数发展中国家现在接受分担部分环境保护责任(Najam 2005)。

也许最大的变化在于中国在这方面所承担的角色。因2009年哥本哈根协议的失败而备受各方抱怨之后,中国开始树立一个负责任的环境公民形象。中国仍然不接受具有约束力或可核查的排放限制,仍然坚持西方必须带头提供气候适应和缓解的国际援助,而且通过"一带一路"倡议成了国际化石燃料发展的主要出资者。然而,作为世界上最大的温室气体排放国和77国集团(威廉姆斯称之为第三世界联盟)的亲密伙伴,中国也承认其限排责任。的确,中国在巴黎协议中承诺在2030年之前达到排放峰值,这一承诺得到了好评。例如,"气候行动跟踪"倡议(Climate Action Tracker initiative)将这一目标评为"高度不足",与3—4℃的变暖相符,但与美国或俄罗斯的"严重不足"得分相比,已经相当不错了。其他新兴大国也效仿中国——承诺降低碳排放强度,但强调它们有权优先考虑经济增长。尽管如此,发展中国家的领导人偶尔也会用第三世界的惯用修辞。例如,在担任印度首席经济顾问时,阿文德·苏伯拉曼尼安(Arvind Subramanian)多次谴责西方试图塑造印度能源选择的行为是"碳帝国主义"(Subramanian 2015)。

环境政治的失守

考虑到 30 年来全球气候不作为带来的危机，我们或许会问：问题到底出在环保主义不够强大，还是它提出的各种要求不对头？气候变化向我们提出了严峻挑战，即使我们采取了最聪明的策略，我们取得的进展也可能不够充分。然而，我认为，进展之所以缓慢，是因为绿色运动虽坚定地支持积极的气候行动，但实际上还作出了一系列优先于气候缓解的承诺。这不一定是对它的批评。除非我们是怪物，否则我们都会优先考虑其他价值，而不是减缓气候变化。贫困、种族灭绝、杀婴和经济危机都能带来温室气体排放的减少。气候威胁虽然严重，但它必须与其他优先事项相平衡才行。我认为，对缓解气候变化的措施和基于其他价值观的措施进行区分，是有益的。例如，德国的能源转型（*Energiewende*）政策通常以气候变化为依据，但在关闭排放密集型煤炭和褐煤电厂之前德国优先关停零碳的核电站，虽然这会导致温室气体排放量增加，但此举显然是出于其他方面的考虑。

当气候变化成为首要的环境挑战时，环境保护主义已成为一种成熟的运动，并带有广泛的政治议程。20 世纪 90 年代，绿色思维开始把这一新现实纳入其思路。例如，反对煤炭此时与反对核能一起成为关键的绿色诉求。但总体而言，绿党对气候变化的应对是通过新的紧迫感来推动他们的想法，而不是对已有承诺进行重新思考。鉴于绿色理念在气候讨论中占据主导地位，这些绿色价值观——如对技术创新及核能的蔑视——对我们整个社会如何回应气候变化已经产生了巨大的负面影响。

绿色环保主义对气候变化的应对当然用心良苦。问题在于，他们的应对——就像所有人对新信息的反应一样——折射出所谓的

"确认偏见"（confirmation bias）或"政治驱动思维"（politically motivated reasoning）的心理倾向（Nickerson 1998；Kahan 2015）。人类倾向于用他们的旧信仰来诠释新信息。例如，纳奥米·克莱因在讨论了她对核能的反对意见后，反思了一种可能性，即她和气候否认者一样，可能会"拒绝可行的解决方案，因为它们威胁到我的'意识形态中的世界观'"。但她随后驳斥了这一可能性，解释说，"我介入（气候变化问题）的部分原因在于我意识到它可能成为我所信仰的社会及经济正义形式的催化剂"（Klein 2015，第50页）。尽管她的书名是《这改变了一切》（*This Changes Everything*），但克莱因清楚地表明，气候变化只是放大了她已有的信仰。

那么，在气候危机到来之前，绿党的信仰是什么，又为什么有这样的信仰？现代环保主义在20世纪70年代成为一股有影响力的社会力量，但这种新的、有影响力的意识形态从各种各样先前存在的运动和冲动中吸取了养分。我将试图通过引用两本具有里程碑意义的书来描述气候变化之前的绿色运动：安娜·布拉姆威尔（Anna Bramwell）的《20世纪生态学》（*Ecology in the 20th Century*，1990）和罗宾·埃克斯利（Robyn Eckersley）的《环境主义与政治理论》（*Environmentalism and Political Theory*，1992）。这两本书的出版正值"气候变化"成为首要关注中心之际（这一术语并未出现在两本书的索引中），它们都试图为现代"生态"或"生态中心"运动的形成绘制支流地图（两本书都使用了这一精确的比喻）。布拉姆威尔的研究项目与历史相关，她将生态运动的起源追溯到19世纪下半叶德国、英国和北美的思想家，确定了两种截然不同的绿色思想：

> 一种是反机械论的生物学整体观，源自德国动物学家恩斯

特·海克尔（Ernst Haeckel）。第二种来源于一种新的经济学方法，即能源经济学，它主要关注稀缺和不可再生资源问题……［以及］一种信念，即在［封闭的］系统内发生严重或剧烈的变化是错误的。因此，生态理念与保护能量流动的特定模式联系在一起。（Bramwell 1990，第 4 页）

布拉姆威尔认为，到 19 世纪末，德国生态学家对"更'真实'、更贴近地球的身份"的渴望已经固化为一套反机械论价值观，包括认为"反对大机构和大规模本身就是目的"。因此，19 世纪的生态思想已包含了现代环境主义重新阐述的大多数思想的源头。例如，恩斯特·海克尔希望改革人类社会与自然世界之间的关系，并表示"尊重自然的美丽和秩序"，这一愿望似乎在乔安娜·梅西（Joanna Macy）的"自我绿化"（Bramwell 1990，第 43 页）中得到了重述；与生物系统的自然能量流动保持同步的愿望也反映在默里·布克金（Murray Bookchin）提出的"重新调整社区规模以适应其所在区域的自然承载能力"的建议中（Bookchin 1989，第 85 页）；E. F. 舒马赫（E. F. Schumacher）[1]的《小即是美》（*Small is Beautiful*）一书再次对机械论技术进行了批判。舒马赫问道："我们到底需要科学家和技术人员做什么呢？"他自问自答（Schumacher 1973，第 21 页）："我们需要足够便宜的方法和设备，以方便所有人使用，并适合小规模的应用；符合人类对创造力的需求。"这种对"小规模""非暴力"技术的欢迎似乎解释了为什么绿色运动对技术的欢迎是有选择的，技术选择的关键在于规模，或者至少是他们想象中的规模。绿色环保人士通常喜欢太阳能光伏、电动汽车和锂离子电池，因为这些技术都可以在家庭规模上应用。相比之下，碳捕集与封存、水电大坝和核能通常被认为天生就是大规模的，因此这些东西对绿色价值观而言就是一种诅咒。但毫无疑问，如果太阳能和风能要在全球能源消耗中占据相当大的比例，就必须得到大规模的安装使用。

　　舒马赫将内在的"小的智慧"作了如下描述：对"人与自然的关系"有积极影响，更易进行民主管控，一旦出错后果也不严重。他解释说，"最大的危险总是来源于一知半解就大规模及武断应用，我们此刻看到的核能应用即是如此"（1973，第22页）。我们20世纪的经验强化了对国家权力的质疑，偏好自给自足（地方自给自足），并本能地拒绝非人性化机械技术。战争、大屠杀和热核毁灭的威胁使人们偏向小规模技术的智慧。兴起于20世纪70年代的绿色思维作为一个有影响力的运动，似乎为人们躲避冷战秩序的疯狂提供了某种庇护。

　　罗宾·埃克斯利与布拉姆威尔对环境思想的盘点是在同一节点出现的，但她们俩的目的不同——埃克斯利试图为明确的"生态中心"政治作出贡献，并整合了生态中心政治的关注与其他"新社会运动，特别是与女权主义、和平以及第三世界援助和发展有关的运动"的关注（1992，第20页）。由于埃克斯利试图巩固生态中心主义与进步政治之间的联系，她首先承认了环境主义和保守主义之间的一些共同点，包括：

　　　　强调创新（特别是在技术方面）要小心谨慎、保护现有事物（旧建筑、自然保护区、濒危价值）以维护与过去的连续性，强调对有机政治隐喻的使用以及对极权主义的拒绝。（Eckersley 1992，第21页）

埃克斯利欢迎这些保守主义观念，但她的目标是深化生态主义和解放思想之间的关联，她希望确认生态主义在左翼政治中的地位。埃克斯利确定了五种环境思想：资源保护、人类福利生态学、保护主义、动物解放和生态中心主义。她将其分为两类：以人类为中心和以生态为中心。然而，由于她的具体兴趣是发展解放式生态政治思想，她颇为仔细地描述了以生态为中心的思想。首先，她认为环境危机不仅应被理解为生存危机，还应被视为创造了文化机会和解放潜力的"文化危机"。埃克斯利援引威廉·雷伊斯（William Leiss 1978，第112页）的论点来说明这个问题：

> 所有这一切都取决于我们是将这种限制（增长）视为一种痛苦的失望，还是视为创建节约型社会过程中从数量改善转向质量改善的良机。

埃克斯利同意这种观点，她注意到：

> 当然，如果人类能够减少对这种技术基础设施及其提供的商品和生活方式的依赖，更多的人（及非人类）就能过上更丰富、更充实的生活。（1992，第20页）

由于解放型生态政治思想家将文化视为中心问题，并反对一切形式的统治（包括国家的统治），他们同时也强调振兴民间社会，并将其视为生态中心主义政治的要务。

埃克斯利对解放型绿色理论的很多描述都趣味盎然，它反对一切形式的统治（阶级、父权制、帝国主义、种族主义、极权主义的统治以及对自然的统治），这解释了绿色思想是如何与各种进步运动融合的。然而，绿色理论对"人类需求"、技术和国家持批判态度，这显然不利于绿党对气候问题的回应。也正因如此，埃克斯利一直坚称，"绿色国家"必须被视为环境变革的核心力量（2004，第144页）。大多数环保主义者也努力认同贫困人口的物质需求，他们对"生存排放"、援助和公平贸易的支持反映了他们对贫困人口的承诺。但对物质需求的怀疑使绿色运动容易误解气候和能源挑战的物质规模。如果全人类都要达到中等收入国家的生活水平——有充足的床垫、炉灶、稳定电力供应和冰箱，但不包括长途旅行、私家洗衣机或汽车等西方奢侈品——这仍将导致消费大幅增加。最后，绿色理论对大规模技术的怀疑推动了它对高效脱碳工具的反对，如核能（Cao等2016，第548页）。

生态现代主义者推崇核电这一零碳能源，这对他们公众形象的塑造非常关键。然而，关于核能的争论可能会分散人们对创新政策的关注，后者是当务之急。如今，认同现有核技术可以解决气候变化问题的人和信任可再生能源的人一样，都少得可怜。即使决策者现在全心全意地追求核能战略，但从全球电力供应中去掉化石燃料，从而消除全球温室气体排放量的四分之一，至少还需要30年时间才能完成（Qvist和Brook，2015页）。完全转向核电还有助于减少工业和交通的排放，但政治阻力及经济成本都显示核电复兴计划实际上将会更加缓慢。因此，尽管核电是一种极具价值的脱碳工具，但显然还没能成为解决全球气候变化问题的撒手锏。

然而，如果说有什么能够破坏绿色运动和气候行动之间的联系，那就是核电。瑞典和法国接近零碳的电网有力证明了核电对气候危机的缓解潜力。事实上，芬兰一些著名的绿色政治家和政党成员已经成为核电倡导者。在其他地方，一场小型但充满激情的亲核电气候运动正在兴起——例如，澳大利亚和美国的大学生已开设了亲核气候网站。尽管有这些活动的支持，绿色运动仍然受到很多人的反对。核电不仅是一种机械型大规模技术,而且利用的还是自然生态自然流动之外的能源来源。纳奥米·克莱因谈到这些主题时写道,核电远非解决方案,它代表一种"让我们陷入混乱、鲁莽、短期思维的翻倍赌注。正如我们将温室气体排放到大气中,以为明天永远不会到来一样",核技术是一种"高风险"技术,它"会产生更危险的核废料",而且缺乏"可识别的退出机制"(Klein 2015,第63页)。

核电拥护者对克莱因的每项主张都提出了异议。以每单位电力的生命损失量为标准,核电是迄今为止最安全的能源(Markandya和Wilkinson 2007)。快中子增殖核反应堆可以对核废料进行再处理。即使没有快中子增殖反应堆,核废料对环境的危害也比煤灰小得多。但核电支持者提出的关键论点是,迄今为止,核电是唯一可普遍采用的技术(水力发电或地热发电均受地理环境限制),而且已证明有能力使整个电网脱碳。此外,瑞典和法国核电站等零碳能源的推出速度比之后的可再生能源部署要快好几倍(丹麦的可再生能源部署速度最快;见 Cao 等 2016,第 548 页)。

然而,核电确实没有兑现其早期承诺。尽管直到20世纪70年代初为止,核电成本一直在下降,核电站部署速度不断加快,但在随后的几十年里,新反应堆经历了一次"负学习率",即成本上升而不是下降了,核电在全球能源中的份额因此缓慢下降(韩国是个例外,其成本持续下降)。根据一些核电倡导者的说法,绿色运动应该为过度的安全预防措施和不必要的繁复手续负责,正是这些终结了核电的崛起。即使没有绿党反对,切尔诺贝利核灾难及类似灾难性事件的发生,对公众态度及核电成本的影响也都堪称巨大。然而,核电利用的减少也显而易见地让气候行动错失良机。例如,一项分析表明,如果20世纪60年代的学习率和部署率能一直持续发展下去，到2015年，核电可能已经取代了所有燃煤发电，天然气及化石燃料的排放量也必定会减少三分之一以上（Lang 2017，第216页）。

因绿色政治早在气候变化引发公众关注之前已表明其反核立场，认为绿色运动在某种程度上应该对气候危机负责这个观点有失公允。早在气候变化时代之前，绿色运动的反核论据看上去无懈可击：切尔诺贝利灾难后，核电已经与核辐射景象的恐惧、核冲突甚至核武器试验混为一谈，更何况许多铀矿开采还侵犯了原住民的土地所有权。诚然，与每年因燃煤发电厂的日常运行而造成的数千人死亡相比，核电影响人类健康的风险微不足道，但对核武器的恐惧和消极联想是真实存在的。从绿色政治的角度来看，抵制核电的动力远远超过了核电对减排的影响，即使核电作为历史上减排速度最快的技术也已于事无补了。

本章小结

斯图尔特·布兰德是绿色运动的先驱，他是20世纪70年代《全球概览》（*The Whole Earth Catalogue*）的出版商，2015年出版的《生态现代主义宣言》（*An Ecomodernist Manifesto*）的合著者，也是多数生态现代主义者的一个典型代表，因为他也是一个终身环保主义者。布兰德讲述了1948年他10岁时如何在《户外生活》（*Outdoor Life*）杂志上作出了环境保护承诺："作为一名美国人，我承诺保护我国的自然资源——空气、土壤和矿物、森林、水和野生动物，并忠实地保护其免遭浪费。"（2009，第21页）。布兰德表示，他现在拒绝这一承诺中隐含的民族狭隘主义和人类中心主义，但保留对维护野生自然的承诺。我可以讲一个类似的个人故事，只是我自己对环保主义的皈依来得稍晚一点：20世纪80年代末，12岁的我开始读蒂姆·弗兰纳里发表在《澳大利亚自然历史杂志》上的文章。当我更深介入绿色政治时，我被它反对一切统治形式的主张所吸引，它对一个更加公正和谐的世界的憧憬，至今仍对我很具吸引力。

不幸的是，在应对气候变化方面，绿色运动在本能上就漠视国家支持技术创新的潜在价值，也很少关注第三世界不可遏制的发展需求。简单来说，绿色运动对创造更好社会及与自然维持和谐关系抱有强烈的意愿，这种意愿比减少温室气体排放的意愿要强烈得多。从绿色意识形态的角度来看，这一选择合情合理。但这些优先事项也标志着绿色环保主义者和生态现代主义者之间的根本区别。当然，这两个群体的分歧体现在许多具体问题上——如创新的必要性、城市密度与小规模农业的选择、规模及效率与传统技术的价值等等。但它们之间的根本区别在于哪一边才应被赋予优先权：是社会绿色化，还是生产去碳化？

---

1 德裔英国经济学家、统计学家，曾担任英国国家煤炭委员会的首席经济顾问长达20年，提倡适用技术、人性化与地方分权等思想。书中引用的《小即是美》是其代表著作，也为环保运动和社区运动奉为经典。

第 2 章
生态现代主义及批评

在电影《末路狂花》的最后一个场景中,塞尔玛和露易斯的车被州警察逼到了悬崖上,无路可走,前面的大峡谷正张开大嘴打着哈欠,吉娜·戴维斯(扮演塞尔玛)对苏珊·萨兰登(扮演路易斯)说:"我们继续前进吧。"假设这一场景是人类生态困境的一个隐喻,那么向警方投降和踩油门前进之间的选择正好暗示了绿色"限制政治"(politics of limits)和生态现代主义"创新政治"(politics of innovation)之间的对比。虽然理论上我们可以通过限制全球消费来避免危险的气候变暖,但基于紧缩的应对措施需要对第三世界的发展进行严格限制,并改变全球中产阶级的生活,这种措施只有在不自由和专制政权统治下才可能实行。但除此之外还有其他选择吗?考虑到我偏爱生态现代主义,这个比喻——生态现代主义者的未来由冲进大峡谷的雷鸟敞篷车来代表——似乎不够公允。*尽管如此，我认为塞尔玛和路易丝的"不自由毋宁死"的反抗（她们反抗的是父权制压迫）诠释了面对灾难保持狂妄本色的魅力。在生态现代主义者看来，只有增加自己的影响力，才有可能加速当代全球经济中业已出现的生态脱钩趋势。要让飞机安全着陆，就必须首先延长飞向现代性的航线。生态现代主义者听到了西奥多·阿多诺（Theodor Adorno）和马克斯·霍克海默（Max Horkheimer）的警告，即"完全开明的地球正放射着灾难的胜利"（1979，第3页），但他们别无选择，唯有开足马力奔向开明。

我把生态现代主义比作塞尔玛和路易丝，是想说明：两相比较，技术的加速开发可能是一种较小的恶。生态现代主义者很少会这样表述。正相反，他们满口承诺"良好的，甚至是伟大的人类世"必定能实现（Asafu-Adjaye等2015，第31页）。这种话语是不是对人类世的严重不平等和生态悲剧视而不见呢？生态现代主义者认为，一个能够发动全球参与零碳文明的政治一定不是绝望和限制的标志，而是能力和梦想的展现。事实上，特德·诺德豪斯和迈克尔·谢伦伯格认为，全球变暖的挑战如此巨大，以至于"需要一种人类从未见过的伟大——甚至傲慢"（Nordhaus和Shellenberger 2007，第273页）。傲慢一词通常用于描述挑战自然秩序的高傲行为，按照希腊悲剧的模式，这种行为必然会受到惩罚。通过拥抱傲慢，谢伦伯格和诺德豪斯似乎认识到"伟大的人类世"是一个不太可能实现的前景，而且跟塞尔玛和路易丝一样，我们已经被逼到一个无法轻易逃脱的悬崖上。

---

* 生态现代主义者通常用交通工具来隐喻加速，例如以安全着陆为设计目的的飞机（Karlsson 2016）。

生态现代主义者认为，面临非常严峻的气候危机，我们的应对措施必须利用一切可资利用的手段。他们认为，使用现成的技术来避免危险的气候变暖在政治上并不可行，因此他们坚信国家必须有意识地加快低碳创新步伐，并发挥其核心作用。由于生态现代主义者也是环保主义者，他们热爱野生自然，并希望阻止危险的气候变化，但他们对激进技术创新的拥抱可能令人困惑。20 世纪 70 年代开始的现代环境运动往往对技术感到恐惧，并担心第三世界的人口增长。尽管它们与政治左派关系密切，但往往不信任国家的角色。因此，一些绿党人士批评生态现代主义信仰科学和技术的傲慢，并指责它推动国家主导的发展及人类普遍富庶计划。

如果这些分歧看起来并不符合左/右派的政治光谱，那是因为它们本来就不符合。应对气候危机涉及技术、意识形态、政治和心理问题。生态现代主义者倾向于认为，只有超越当代政治的诸多分歧，才有可能促使气候缓解的发生。我将分析这些矛盾的来龙去脉，厘清生态现代主义气候应对措施与其他绿色组织的异同。在澄清生态现代主义的一些核心观念之后，本章的第二部分将为生态现代主义在政治上进行定位，并解释为什么生态现代主义者有时会与更广泛的环境保护运动发生冲突。我的答案很简单：生态现代主义者与绿色主义者之所以经常发生冲突，是因为尽管他们专注于许多相同的问题，但他们的文化参照系不同。许多绿党人士反对现代性的元叙事，如对理性的信仰及科技发展进步的信任等，他们提倡逐步向自然、小规模和地方性生活模式过渡。相比之下，生态现代主义者及其同情者拥抱启蒙理性、科学及物质进步，并寻求通过提高生产强度和先进技术来获得环境保护效益。由于这两个群体的文化价值观不同，生态现代主义者和绿党有时会将他们的共同点抛之脑后，这似乎也并不令人意外。

绿党和生态现代主义者可能会一致认为，一个气候变化了的未来将与现在截然不同。目前尚不清楚的是，这一转变将带来哪些变化？限制的强制执行、气候灾难，抑或是人为地球干预和技术加速？生态现代主义者认为，我们在技术超越的道路上已经走得很远，后退比继续前进更加危险。因此，加快技术创新的步伐为我们指明了最佳前进方向。拉斯穆斯·卡尔松总结生态现代主义的一个关键观点时写道（Rasmus Karlsson 2013，第1页）：

> 在典型的理想条件下，有两种方法可以［安全地］解决当前环境的可持续性危机：（1）通过开发先进技术，使人类能够超越地球疆界；或（2）通过对这些疆界进行政治和经济上的强制维护。

生态现代主义者强调技术进步的一个原因是，他们认为大多数第三世界国家将提高物质生活水平置于缓解气候变化之上。因此，任何减缓气候变化的战略都必须首先考虑到第三世界获得现代物质生活水平的合理要求。生态现代主义认为物质上的舒适感是人类的普适愿望，这与唯物主义进步思想的长期传统保持了一致（Chibber 2014，第179页）。事实上，生态现代主义者认为，平等的经济增长和政治导向的技术变革不仅是应对气候变化的关键，也是更广范围进步议程的关键，能够预防民族主义、经济停滞和国家之间不平等的加剧。

生态现代主义的定义

什么样的政治才能最有效地应对全球气候变化？尝试回答这个

问题让生态现代主义者踏上了漫长的智慧之旅。大多数生态现代主义者都有过环保运动的经历，但他们在某种程度上拒绝了绿党对技术的批判。然而，由于生态现代主义还不是一种稳定的意识形态，要厘清它与传统绿色思维的区别还是比较困难的。生态现代主义者通常将自己描述为"实用主义者"，他们通过寻求"能带来明显益处的、积极的且在政治上可实现的步骤来应对气候变化，这些观念反过来又为下一步行动提供了理论依据"（Atkinson 等 2011，第 23 页）。然而，"实用主义者"这个绰号恐怕不太合适，因为生态现代主义者经常对最具政治可行性的气候政策作出批评，如国家对可再生能源的补贴。他们有时还推行一些奇异的计划，如太阳能地球工程和核聚变等。也许"实用"一词表明，生态现代主义者将气候变化主要视为一个工程问题，而不是一个政治或文化问题。*这似乎有道理——关注技术解决方案而不是文化变革似乎正是生态现代主义的核心特点。然而，大多数主流环保主义者也寻求技术变革，例如发展可再生电力和电动汽车。与此同时，生态现代主义者确实提倡一些文化变革——如他们认为城市密度带来的环境效益比郊区扩张带来的要大。看起来，生态现代主义者自诩为科学进步实用主义者，这一自我形象既不能解释他们的全部信仰，也无法解释他们与更广泛的环境运动的关联。为此，我们需要探寻生态现代主义的起源。

20 世纪 90 年代，马丁·刘易斯（Martin Lewis 1994）和杰西·奥苏贝尔（Jesse Ausubel 1996）等学者在各自的著作中首次

---

* 这个解释是斯图尔特·布兰德提供给我的。布兰德 20 世纪最著名的成就就是成为《全球概览》的出版商及加州"数码乌托邦"的发起人，他同时也是生态现代主义发展的中心人物。在《地球法则》（*Whole Earth Discipline*，2009）这部书里，他将这一范式定义为"一种非常实际的思想，对结果的关注大大超过对理论和原则的关注"。

对生态现代主义世界观作出了明确阐述。虽然生态现代主义也借鉴了许多早期的环境思想，包括"生态现代化"和"人类福利生态学"（Eckersley 1992，第 35~48 页；Wissenburg 1998），但作为一种自觉运动，它只是在最近才出现的。如前所述，与该术语相关的智库——突破研究所——成立于 2003 年，2013 年才开始使用"生态现代主义"一词。*研究所创始人特德·诺德豪斯和迈克尔·谢伦伯格于 2004 年发表的一篇具有里程碑意义的论文《环境主义的死亡：后环境世界中的全球变暖政治》(The Death of Environmentalism: Global Warming Politics in a Post-environment World)，并没有谈及任何与生态现代主义相关的具体政策观念。相反，这篇文章指责环境运动对"世界最严重的生态危机"（即气候变化）应对不充分，未能为"美国的未来提供一个包容的、充满希望的前景"（2004，第 27 页）。

诺德豪斯和谢伦伯格随后发表的合著《突破》（2007）进一步阐述了《环境主义的死亡》提出的主题。这两个文本显然对突破研究所今后的使命进行了指导性的描述，阐明了既"包容、充满希望"又"与气候危机的严重程度相称"的未来理念（Nordhaus 和 Shellenberger 2004，第 6 页）。在不受绿色运动传统约束的情况下解决气候变化问题，这种想法相当于故意的逆向思维，得到了进步捐赠者的大力支持。其中最有影响力的是蕾切尔·普里茨克（Rachel Pritzker），她自 2011 年起担任该研究所董事会主席，是《生态现代主义宣言》的合著者（Asafu-Adjaye 等 2015），此前是（与民主党看齐的）民主联盟的创始董事会成员。突破研究所挑

---

* 特德·诺德豪斯将发现突破研究所周围出现了一场独特思想运动（包括艾玛·马里斯和马克·林纳斯）的首功归功于基斯·克鲁尔（Keith Kloor 2012）。

战绿党理念的做法也为其带来了恶名。一位著名的批评者认为诺德豪斯和谢伦伯格是追求出风头的机会主义者，说他们因发现"前嬉皮士殴打嬉皮士"的方式能获得媒体关注和资金捐助而伺机行动（Roberts 2011）。

突破研究所的工作慢慢形成了一个独特的生态现代主义议程。斯图尔特·布兰德在2009年出版的《地球法则》一书意义非凡，这本书的副标题为"为什么密集城市、核电、转基因作物、荒地恢复和地球工程是必要的"。该书详述了很多具体想法，并通过攻击现代环保主义的许多过时观念表达了生态现代主义者的鲜明立场，突显了他们与主流绿色主义者的分歧。然而，对生态现代主义思想进行最清晰界定的是2015年出版的《生态现代主义宣言》。这本书由19位作者组成的小组起草，包括环境活动家诺德豪斯、谢伦伯格和斯图尔特·布兰德，科学家帕梅拉·罗纳德（Pamela Ronald）、巴里·布鲁克（Barry Brook）和戴维·基思（David Keith），经济学家乔亚什里·罗伊（Joyashree Roy）和约翰·阿萨福-阿贾伊（John Asafu-Adjaye）以及电影制作人罗伯特·斯通（Robert Stone）。《生态现代主义宣言》倡导"人类必须减少其对环境的影响"的观念，但拒绝了现代环境主义的"人类社会必须与自然保持和谐"的核心命题。相反，它呼吁"有意识地加快紧急脱钩过程"，从而"将环境从经济中解放出来"（Asafu-Adjaye等2015，第18页）。《生态现代主义宣言》确定了促进这种脱钩的两个关键策略：（1）强化所有人类活动，特别是农业、能源、林业和城市活动；（2）技术创新——技术创新可以让人类避免对自然系统进行持续增加的索取，或让人类活动受到生态环境的约束（Asafu-Adjaye等2015，第9页）。

当然，即使科学和技术的巧妙运用能够确保人们享受更好的生活,其自然成本也可能会继续增加。在这方面,生态现代主义者颠覆了传统的绿色思维。他们认为,将人类的普遍发展置于政治的中心最有利于实现生态目标。生态现代主义者认为,一旦物质需求得到保障,人类社会将产生保护环境的意愿。鉴于世界上大多数人都渴望拥有"现代"生活水平,因而全球环境挑战只能作为与人类平等发展拥有共同利益的问题来解决(Nordhaus 和 Shellenberger 2007,第 269 页)。由于生态现代主义者也承认当代全球经济技术新陈代谢自带生态毁灭的性质,这里似乎存在一个矛盾。然而,生态现代主义者称,拥护增长正是为了实现技术转型。诺德豪斯和谢伦伯格对此的解释是(2007,第 113 页):

> 这里存在一种最能挫伤环保主义者污染范式的异常之处:即克服全球变暖与限制污染自然所需要的东西有本质不同这一事实。它要求释放人类力量,创造一种新经济,在我们为未来做准备的同时重塑自然。为了实现所有这一切,正确的模式不是[像以前那样解决]污水、酸雨或臭氧层空洞的做法,而是来自环保主义者长期以来一直认为是污染驱动因子的东西:经济发展。

这种对经济增长的拥抱显然使用了与当前政治右翼相关的语言。但我认为,罗斯玛丽·克莱尔·科拉德(Rosemary Claire Collard 2015)等批评家将这种"绿色"发展主义描述为对新自由主义的辩护,这完全是对生态现代主义的误读。新自由主义这个术语通常泛指自由市场导向的经济思想。然而,一个更精确的定义将新自由主义与新古典经济学区分了开来,即新自由主义者认为:除了提供安全,国家的唯一重要作用应该是创造市场和维护竞争。因此，新自由主义国家应创造和捍卫产权，监督合同执行，禁止反竞争行为并维持价格稳定（Srnicek 和 Williams 2015，第 53 页）。所以，新自由主义应对气候变化的政策可能以碳定价和建立碳市场为中心。相反，生态现代主义认为，国家不应依赖市场工具，而应在设计技术革新和经济变革进程方面发挥积极的经济作用。因此，生态现代主义回绝了新自由主义的定义性特征。

从历史上看，国家干预经济，以促进经济增长和技术进步，这种观念已被诸多经济理论和政治意识形态所认同。欧洲社会民主国家、第三世界发展中国家和东亚"国家发展主义"等模式都制定了类似的目标。* 我将用"国家主导的发展主义"更宽泛地描述支持增长的干预主义国家。当然，反增长的倡导者会发现国家主导的发展主义和新自由主义一样存在问题。然而，那些将生态现代主义描述为新自由主义的批评家恐怕把这两个不同概念混为一谈了。

我的论点是，生态现代主义应该理解为社会民主对气候变化的回应。诚然，这一论点与《生态现代主义宣言》的论点稍难调和；但相较而言，却与突破研究所（BI）的很多其他出版物更协调。比如我先前提过，生态现代主义的理论主张就是民主国家是唯一有能力和能够获得社会许可来推动必要低碳创新的行为主体。诺德豪斯和谢伦伯格在他们 2007 年出版的著作《突破》（第 118~124 页）就这些想法进行过详细讨论，在随后的多个 BI 出版物（如 Jenkins 等 2010）中这些观点也得到了进一步的发展，包括弗雷德·布洛克发表在《突破》期刊的一系列文章（例如 Block 2011，2018）。

---

* "国家发展主义"这一术语通常指"具有变革目标、领航机构及制度化的政府企业合作的国家"。（Weiss 2000，第 23 页）

这些想法也构成了玛丽安娜·马祖卡托（Mariana Mazzucato）《创业型国家》（*The Entrepreneurial State*，2015）的核心论点，该书被列入突破研究所奖学金学员的"教学大纲"。事实上，这种对国家在创新中作用的描述是将生态现代主义与早期生态现代化理论区分开来的关键思想之一（见 Wissenburg 1998）。然而，《生态现代主义宣言》忽略了国家的作用，只在倒数第二页才解释加速创新需要"私营企业家、市场、民间社会和国家的积极参与"：

> 虽然我们反对20世纪50年代的规划失误，但我们继续欢迎公共机构在解决环境问题和加快技术创新方面发挥强大作用，包括研发更好的技术，为其提供资助和其他有助于将其推向市场的措施以及能减轻环境危害的必要监控。（Asafu-Adjaye 等 2015，第 30 页）

相反，《生态现代主义宣言》最引人注目的主题是拥抱现代化和自由人文主义——这两个主题都强调了与绿色文化价值观的分歧。《生态现代主义宣言》将现代化定义为"人类社会的社会、经济、政治和技术安排的长期进化，以极大改善物质福利、公共卫生、资源生产率、经济一体化、共享基础设施和个人自由。"同时，它倡导"民主、宽容和多元化的自由原则"，这既是出于对其自身利益的考量，也是在生态充满活力的地球上实现人类繁荣的关键（Asafu-Adjaye 等 2015，第 31 页）。在生态现代主义的想象中，实现"伟大的人类世"需要现代性的全球化、开放的自由、法治、物质繁荣和野生自然保护。《生态现代主义宣言》强调全球预期寿命、公共卫生、性别平等的改善和国家间暴力冲突的逐步减少，认为当前时代是人类繁荣和生态破坏日益严重的时代。*生态现代主义者似乎认为，对人类进步的乐观既是对实际经验证据的回应，也是一种政治承诺（见 Pinker 2018）。他们认为，进步信念有助于自我实现，至少能带来一种社会信任感，这是渐进性改变的先决条件。

生态现代主义声称，现代化在损害大自然的同时也造福于人类，这一观念支持了其环境政治中至少四个方面的其他独特观点。首先，由于生态现代主义者将气候变化理解为伴随着改善社区生活的良好动机而来的一种意外后果，他们将污染型技术——而非资本主义增长动态——视为气候危害的根源，像利·菲利普斯（Leigh Phillips 2015）这样明确反资本主义的生态现代主义者只是少数。尽管诺德豪斯和谢伦伯格详细书写了不平等及金融方面缺乏安全感如何破坏环境政策的施行（2007，第13～37页），但生态现代主义者通常主张改革，而不是推翻资本主义。相反，他们寻求将资本主义创造的财富投入到低碳创新领域。然而，支持创新主导的气候应对方案并不意味着这类气候缓解措施具有技术官僚和非政治性质。相反，生态现代主义者认为，政治动员能在促进创新和形成创新政策方面起到作用。

其次，尽管生态现代主义者有时批评浪费性消费，但批评消费并非其政治核心。诺德豪斯和谢伦伯格在《突破》一书中详细阐述其原因，他们认为经济安全和物质需求的提供是包括环境保护在内的后物质主义价值观发展的先决条件。也就是说，生态现代主义者将解决经济不安全问题视为比反对消费的道德说教更重要的优先项目。此外，他们认为发展中国家的物质贫困无论对人类还是对环境都没好处。因此，即使最富有的十亿人在理想情况下真的需要减少

---

* 我建议，对土著文化的摧残应列入现代性的影响清单，并非所有人都处于繁荣阶段。

消费，生态现代主义者还是期待全球物质消费总量的增长。既然全球消费的大幅增长是可取的，那么努力消除生产对环境的影响似乎比倡导第一世界的"去增长"更为紧迫。生态现代主义者更担心的是集体行动能力，而不是个人行为缺陷。例如，当弗雷德·布洛克（Fred Block，2011）批评"消费文化"时，他担心的不是它对环境的直接影响，而是它"培养了对个人主权的关注"，这"侵蚀了自由民主的团结基础"。

社会人类学家丹尼尔·米勒（Daniel Miller）讨论消费文化时，可能带有和生态现代主义者一样的同情心。米勒写道，"左翼批评者声称，消费在很大程度上由广告推动，需求则是由商业创造出来的。这些商品推动了地位效仿，反过来又与资本主义激励阶级及社会不平等的后果产生了关联"（Miller 2012，第182页）。在绿色想象中，驱动气候变化的过度消费也会导致不平等。米勒否定了这一逻辑，在一生致力于研究资本主义和非资本主义环境下的消费之后，他得出了一个他认为不受欢迎的结论，"社会关系是消费的主要原因"，即使所有广告都被禁止，消费仍将保持在高位。与索尔斯坦·凡勃仑（Thorstein Veblen）认为地位竞争会激发"炫耀性消费"的观点相反，米勒认为，大多数消费所受到的影响来自为家庭提供生活来源，同时为未来保留资源的道德规则，而不是来自地位竞争，大多数消费以实现一种"正常状态"为目标（Miller 2012）。虽然生态现代主义者不一定认同米勒对消费的确切理解，但他们也没有对构成其政治核心的过度消费或"富贵病"提出批判。由于人类普遍发展是一个紧迫的优先选项，生态现代主义者认为总消费量的持续增长是可取的。

这正好引入生态现代主义关于现代化的第三个独特视点。捍卫第三世界发展是生态现代主义者的典型立场，他们甚至将增加化石燃料的使用作为解决贫困问题和抵御气候危害的手段。说来有点奇怪，《生态现代主义宣言》强调人类的普遍发展，而非平等。虽然这两个概念是相互关联的，但它们的字面选择似乎是为了避免政治上的党派之争。生态现代主义者批判的主要对象是西方对能源发展选择权的控制，矛头直指包括限制污染能源融资的世界银行贷款规则（Pritzker 2016）和欧洲非政府组织在第三世界反对生物技术的运动（Lynas 2018）。生态现代主义者拒绝为资助设定条件，这既因为他们认为（人类之间的）支配关系在本质上是不道德的，也因为他们相信繁荣是应对气候变化和环境问题的垫脚石。当第三世界发展与温室气体排放之间存在不可避免的矛盾时，生态现代主义者倾向于支持民族共同体的选择权利。碳排放和人类发展之间的密切联系为生态现代主义关注技术创新提供了又一个理由。如果零碳运输、工业和电力变得比化石燃料更便宜，环境缓解和发展之间的紧张关系将能得到解决。

第四，生态现代主义者提出了生态转型的独特隐喻。与自然脱钩的生态现代主义隐喻拒绝了诸如小规模、传统和当地生产等将人类社会放进地方生态系统之内的绿色理念。用基因工程酵母酿制牛奶蛋白是与从奶牛获取牛奶迥然不同的一种技术，它的商业化就是一个例子。许多传统环保主义者都很排斥生物技术的狂妄姿态及资本密集型生产的社会寓意，因而更喜欢传统农业。与之相反，生态现代主义则对无奶牛牛奶在减少甲烷排放、土地使用、水的需求及虐待动物方面的潜力表示赞赏。* 早在生态现代主义作为一种自觉运动出现之前的几十年，马丁·刘易斯已经阐述了这一生态现代主

---

* 牛奶的生产涉及受精、分离、宰杀等常态循环过程，初生牛犊（bobby calves，未足月且与母牛分离的小牛）作为多余物在出生后不久即被宰杀。

义观点。他从人类物质需求的角度写道,"人类经济与自然系统的分离最终会带来深远的环境效益,而我们的生产设备持续浸入错综复杂的自然网络本身对非人类物种的自然世界构成了极大威胁"(1993,第797页)。因此,在生态现代主义者的想象中,核电的主要吸引力在于它为人类提供丰富能源的同时,既不产生温室气体,又不必从自然生态系统中提取能量。

最后,生态现代主义者与他们的自由人文主义思想保持一致,他们拒绝接受人类与自然之间关系只存在某种唯一的理想解释。相反,《生态现代主义宣言》认为,对非人类自然的处理将不可避免地反映人类优先原则,而人类的优先选择将随着时间的推移而发生改变。这种对多元化的尊重似乎与其宣称的保护生态多样性与活力的愿望存在矛盾。诚然,生态现代主义运动或许对自然这个概念缺乏连贯一致的观点——突破研究所早期对自然与文化内在混杂性的探索(见Latour 2011)与最近它所坚持"与自然分离"的观点并不一致,它现在似乎接受了早期生态现代主义所挑战的人/自然的区分。* 显而易见,生态现代主义与划分出人类中心主义和生态中心主义这两个派别的环境主义光谱并不契合。生态现代主义者虽然同样抱持非人类世界应该被赋予道德地位,并被允许"以多种不同方式展开"的生态中心理念(Eckersley 1992,第26页),但他们似乎设定了所有环境思想必然源自人类文化的假设。

艾玛·马里斯(Emma Marris)在其《喧闹的花园》(*Rambunctious Garden*, 2013)一书中,对"自然"的未来进行了或许是最细致的生态现代主义反思。由于生态系统一直处于不断变化的状态,马里斯认为,恢复某些未受干扰的自然"基线"的做法是一种

---

* 感谢一位不知名读者与我分享了以上观察。

误导。更何况恢复野生自然的愿望会形成对生活在森林和其他指定保护区的弱势人群的剥夺。她指出，虽然目前的气候变化速度前所未有，而且对生态有害，但我们可以回归的稳定的前工业化气候基线并不存在。那么，环境保护将走向何方呢？马里斯仔细研究了各种合理但并非完全一致的保护目标，包括尊重其他物种的固有权利，保护极具魅力的巨型动物群和使生态系统服务最大化等，然后给出了我们把未来的地球构想成一个由人类照料的"喧闹的花园"的提议。但马里斯并没有开出明确的处方，只是泛泛提到保护开阔地的必要性："不要只因为它不是你理想的本土景观而忽视那些绿色的耕地。哪怕它只是一个'垃圾生态系统'，也应保护其免于被开发。把你的城市建得紧凑些，更高些，让郊区遍布这种景观吧。"（Marris 2013，第170页）

生态现代主义者通常拒绝给人与自然的关系作任何僵化规定，可是生态现代主义的设想扰乱了谦逊和傲慢之间的界限，而这一界限对绿色思维如何看待技术有很大的影响（Niemann 2017）。例如，布鲁诺·拉图尔（Bruno Latour）在《突破》期刊上撰文，重新审视了玛丽·雪莱（Mary Shelly）的《弗兰肯斯坦》（*Frankenstein*），认为傲慢不在于对新技术的创造，而在于对科学创造的漠不关心：

> 政治生态的目标绝不是停止创新、发明、创造和干预。真正的目标必须是对我们的造物拥有与造物主上帝一样的耐心和承诺。（Latour 2011）

杰西·奥苏贝尔用更加浅白的语言表达了同样的想法。他建议通过反馈系统来降低技术带来"意外后果"的风险，以"在技术渗透社会的早期或之前对其进行评估，观察它们带来的惊喜，并根据不断变化的需求和品味进行调整"（1996，第 167 页）。

在回顾关于用科学方法复原灭绝物种的辩论中，马里斯认为"真正的谦逊就是把其他物种放在第一位，把我们与它们的关系放在第二位……真正的生物中心主义伦理应该将海龟的生存看得比人类的灵魂更重要"（2015，第 49 页）。马里斯的方法也可以应用到更广泛的场景中。以前面讨论的不含真牛奶的制成牛奶为例。我们到底应该维护人类与奶牛及其哺乳期关系的真实性，一如兰登·温纳在《鲸与反应堆》（1986）一书中反对用复杂技术生产牛奶的观点，还是应该使用基因技术来结束奶制品生产的工业化残酷性？这两种方法到底哪种更傲慢？生态现代主义者可能已经否定了绿色运动对技术的批判，但他们依然保留了绿色运动更宽泛的生态关怀。

缺乏经验的环保先行者

> 生态现代主义者是一个备受关注的群体，他们承诺带领我们进入一个"美好的人类世"。他们使用的工具是资本主义、技术和古典哲学。他们认为，更多的异化将解决当前异化的弊端。他们并不担心他们的干预会释放出更多隐藏的力量。像他们之前的其他工程师一样，他们信任人类。我把他们当成传承者，他们认为我们能够用工具来翻修。（Anna Tsing）*

作为一种应对环境挑战的方式，生态现代主义被视为未经重构的技术沙文主义，罗安清（Anna Tsing）就是持这种观点的典型代

---

* Tsing, A. 2015. *A Feminist Approach to the Anthropocene: Earth Stalked by Man*. Barnard Center for Research on Women Public Lecture. https://www.youtube.com/watch?v=ps8J6a7g_BA.

表。这公平吗？在这里，我想重新讨论生态现代主义在政治光谱中的位置问题。描述政治光谱比较复杂，我也只能给出一个比较粗略的定义。我用"保守"一词来描述那些重视传统，对变革的意外后果持怀疑态度，而且相对漠视不平等现象的人；"进步"一词将用于描述那些愿意接受变革，相信社会进步的可能性，并希望消除与财富和身份相关的不平等现象的人。然而，虽然保守派的主导群体是政治"右翼"，"右翼"通常也包括经济自由派，他们支持激进的经济变革，但与保守派一起反对社会主义或激进的再分配政策。同样，在属于政治"左派"的进步派人士中，我们也会发现社会党、绿党和文化自由派之间的联盟。与此同时，左/右政治光谱也未能捕捉到其他重要的分歧，如地方主义和全球主义思维之间的分歧。然而，我将沿用这些术语，因为它们是我们对政治观念进行归类的最常见方式。

与大多数进步主义者一样，生态现代主义者主张更大程度的平等，以及国家在社会演进中起到更重要的作用。与大多数环保主义者一样，他们通过主张非人类自然的内在价值来表达对自然世界的热爱，并具有为了自己而保护生态系统的意识，而不仅仅是因为自然能为人类提供服务。那么，为什么绿色阵营的批评者会讽刺生态现代主义者是捍卫企业资本主义的右翼拥趸？我认为答案在于生态现代主义者对绿色文化政治的抗拒。如果《生态现代主义宣言》是在1946年而不是2016年发表的，它会毫无疑问地被认为是进步的。然而，在第二次世界大战后的几十年里，对权力、进步、现代化、唯物主义和工具理性的绿色批判迅猛发展。尽管绿色文化理想在最初阶段也挑战社会主义和资本主义，但这些理念如今已在很大程度上融入进步主义思想，并遭到保守派的抵制。因此，当生态现代主义者认为技术变化——而非文化变化——应该主导我们的气候应对方针时，他们看起来似乎是在与反绿色文化转向的保守派结盟。

生态现代主义对高效、普遍服务和集体性质的技术（如电网）的倡导与很多进步主义观念并不一致。集体主义曾经属于左派，个人主义属于右派，而能源自给自足和脱离电网的理想现在吸引了绿色左派。电网不是社会连接的隐喻，而是中央集权与企业权力的象征（Palmer 2014）。奇怪的是，在西方文化政治中，生态现代主义对人类普遍繁荣的捍卫，现在甚至也有可能被解读为西方价值观中的帝国主义主张。在许多绿色运动中，对地方主义和传统的认同已经超过对物质进步的认同。因此，生态现代主义的国际主义和唯物主义——曾经是马克思世界观的基石——现在看来倒像是右翼的。

在政治上定位生态现代主义的一个有用方法是把它和亚历克斯·威廉姆斯（Alex Williams）及尼克·斯尔尼塞克（Nick Srnicek）的后马克思主义加速主义进行对比。以斯里尼克和威廉姆斯合著的《加速主义宣言》（*Accelerationist Manifesto*, 2013）为例：

> 我们认为，当今左派最重要的分歧，存在于坚持地方主义、直接行动和无情的横向主义（relentless horizontalism）的民间政治支持者，和勾勒出与抽象、复杂、全球化和技术的现代性相适应的所谓的加速主义政治之间。前者满足于建立一种不属于资本主义社会关系的小规模临时空间，这样他们就可以躲避真正的问题，不用去面对非本地的、抽象的、扎根于我们日常基础设施的敌人。
>
> 加速主义者希望释放潜在的生产力。在他们的计划中，没必要摧毁掉新自由主义的物质平台，为实现共同目标只须重新

调整其用途。现有的基础设施也不是必须砸毁的资本主义舞台,而是向后资本主义进发的跳板。

我们希望加快技术进步的进程,但我们所主张的并不是技术乌托邦主义。永远不要相信技术足以拯救我们。技术是必要的,这没错,但如果缺少社会-政治方面的行动,光凭技术还远远不够。

如果用"生态破坏"一词取代"资本主义",用"生态现代主义"取代"加速主义",上述段落大概能够概括生态现代主义对绿色地方主义的批判。拥抱晚期资本主义的物质平台,并有意将技术加速与社会政治行动挂钩,这恰恰反映了生态现代主义的观念。只有在极少数情况下,激进左翼的声音才会对绿色政治提出同样的批评(如 Battistoni 2015)。然而,由于斯尔尼塞克和威廉姆斯批评了反资本主义者的地方主义观念(如"占领华尔街"运动),他们通常被视为社会主义传统中较有同情心的批评者。对比之下,由于地方主义已成为绿色政治的组成部分而非其附带成分,于是生态现代主义者便成了叛徒。

然而,生态现代主义"背叛"的并不是社会民主的左派(或者至少不属于这一传统在北美地区的温和代表)。相反,生态现代主义者所反对的是 20 世纪 60 年代之后西方环境主义的两种典型观点,这两种观点与布拉姆威尔(Bramwell 1990)所确定的 19 世纪生态思想的两条主线相对应:

1. 假设环境系统的复杂性是不可知的,任何干预都可能产生不利的意外后果,所以必须不惜一切代价加以避免;
2. 相信只有通过转向简单化、当地生产、经济"去增长"、

"自我绿化"等与自然保持和谐的手段，才能避免生态崩溃。（Macy 1991）

禁止干预复杂系统

我们可以用绿色理论的语言来总结这些观念的区别：大多数现代环保主义者是马尔萨斯主义者，而生态现代主义者是普罗米修斯主义者。第一类以苏格兰牧师托马斯·马尔萨斯（Thomas Malthus）命名，他已成为优生学和人口过剩焦虑的守护神。1798年，马尔萨斯发表了一篇题为《关于人口原则的文章》的论文，该论文认为，由于人是由饥饿和性激情驱动的动物，而且由于人在这方面亘古不变，人口将不可避免地增加，直到他们耗尽所有食物。马尔萨斯认为，"人口不断增加……往往会使社会下层阶级陷入困境，并阻碍他们的状态获得巨大的恒久改善"（Malthus 1888，第10页）。马尔萨斯认为人口过剩和贫困是不可改变的自然规律，认为社会改革是徒劳的。马克思和恩格斯对马尔萨斯的偏见感到震惊，并在他们的著作中嘲笑他的人口理论（Charbit 2009）。因此，听起来非常讽刺的是，在全球环境政治中马尔萨斯理论对当代左派产生了重大影响。保罗·埃利希（Paul Ehrlich）对"人口炸弹"的警告和多内拉·梅多斯（Donella Meadows）对"增长极限"的认定产生了如此广泛的影响，以至于贾雷德·戴蒙德（Jared Diamond）在写下面这句话时好像只是在阐述一种传统的智慧（2005，第511页）：

> 我们面临的更大危险不仅仅是人口增长两倍，而是当第三世界人口成功达到第一世界人口的生活水平时，非人道影响的

极大增加。

另一方面，普罗米修斯主义者则设想，科学和技术的明智应用能增加资源的丰富度，从而改善人类生活水平，使第三世界人民真正享受到第一世界的生活水平，同时也解决了环境恶化问题。在希腊神话中，普罗米修斯是一个神，他从众神那里偷走了火，并赋予人类一种操纵世界的新能力。* 绿色理论家约翰·德雷泽克（John Dryzek）认为，从工业革命开始，操纵自然、造福人类这个想法在西方被视为理所当然，以至于从来就无须对此作任何直接表述（Dryzek 2013，第 52 页）。正如威廉·迈耶（William Meyer）在其《进步的环保普罗米修斯》（*The Progressive Environmental Prometheans*）中所概述的那样，通过对生物物理环境的有意干预来促进人类福祉的信念已经与集体主义、进步（左派）思想融为一体。马克思拥抱技术创新带来的潜力释放只是其中一例。

然而，普罗米修斯主义的政治价值在 20 世纪 60 年代开始改变。雷切尔·卡森（Rachel Carson）1962 年出版的《寂静的春天》一书记录了使用滴滴涕杀虫对环境带来的危害，这本书也许是最有影响的一本书，它阐述了一个新的信息：人为干预自然往往会产生意想不到的恶果。卡森利用科学道理说明了过度使用化学品的危害，她为我们的文化提供了重要的纠错方法，这种文化中对科学进步的盲信使它缺乏真正意义上的防患意识。

一些当代绿色人士则走得更远，把"干预自然"在本质上有害的观点直接上升到道德原则的层面。这种信念的优点是允许简单的道德区分：传统、小规模和有机产品是好的；科学上复杂的、资

---

* 普罗米修斯具备再生四肢的超凡能力，这虽然无关本书宏旨，却预示了 21 世纪的医学发展。

本密集型或合成产品是可疑的、有害的。但对天然就一定更好的信仰走过了头，并升级为全面禁止对自然的干预，这有可能导致社会退步。反对饮水氟化及疫苗接种的运动也证明了这一点。当然，大多数绿党人士支持这两项公共卫生措施，并接受自然系统中的几乎各种类似的干预措施。例如，通过重组DNA技术生产的合成胰岛素治疗糖尿病，现在已经没有争议。然而，在农业中使用基因技术（个人受益较少）却引爆了绿色怒火。例如，如果新的基因编辑技术CRISPR[1]允许用分泌胰岛素的皮肤贴片代替胰岛素注射，这将对个人带来明显好处，而且可能很快会被接受。与此同时，CRISPR在农业中的应用——例如生产更有营养且抗瘟疫的作物——却面临阻力。2018年7月，欧洲法院裁定，通过基因编辑技术创建的植物不涉及在生物体之间转移基因，但应遵守与转基因作物相同的限制性法规，这强化了绿色影响。生态现代主义者认为，我们应该用科学，而不是非干涉主义经验法则，来指导与自然干预相关的决策，这标志着与主流环境主义在心理和意识形态方面的重大决裂。

  1964年，雷切尔·卡森在《寂静的春天》出版后不久去世，因此我们只能想象她会如何参与当代的辩论。但值得注意的是，卡森接受过科学训练，她可能会支持知情的科学干预。在《寂静的春天》中，她描述了"在德国图林根发现的苏云金芽孢杆菌（Bacillus thuringiensis）可以毒杀幼虫，防止作物受害"，是滴滴涕的合适替代品（1962，第289页）。迄今为止，基因工程最广泛的应用之一是"Bt作物"[2]，即通过将苏云金芽孢杆菌基因添加到植物细胞中，使植物获得对昆虫攻击的内在抗性（Gerasimova 2016）。20世纪80年代以来，Bt作物仅仅是技术进步的一个例子，但已经让美国的农药、除草剂和肥料的绝对使用量都下降了（Paarlberg

2010）。鉴于压倒性的科学共识否定了转基因食品存在健康风险的说法（Klümper 和 Qaim 2014），其应用也有可能得到卡森的首肯。

虽然生态现代主义者和主流环境主义者之间最激烈的争论涉及科学风险评估，但社会共识对科学知识的局限性持谨慎和怀疑态度，生态现代主义也有这种防患于未然的念头。他们对科学解决方案的倡导并非没有界限。只有在相互竞争的多个环境优先事项之间做出选择时，他们才会对自然干扰的绿色禁令持反对意见。例如，他们倡导核电及碳捕集与封存，因为它们是缓解气候变化的重要工具；他们推动基因技术始终都带有改善人类营养、通过提高作物生产率为自然创造空间、促进粮食安全、促进生物多样性、提高面对气候变化的恢复力、用培养肉或奶（vitro meat or milk）来减少动物痛苦等目标。前面我提到使用 CRISPR 培植作物，如生物可利用鹰嘴豆，可能会带来显著的环境效益。例如，印度有一半以上的妇女患有贫血病（Siddiqui 等 2017），支持增加动物蛋白消费的公共卫生要求十分强烈，而生物可利用鹰嘴豆是一种更尊重文化的解决方案。

生态现代主义的普罗米修斯主义并不完全符合左/右派的政治光谱，因为干预自然的态度并不具备内在政治价值。即使在自然系统不可侵犯的信念主要与政治左派关联的今天，某些问题——如干细胞研究——也能让保守派成为自然之不可侵犯性的拥护者。事实上，绿党对傲慢的批判应该被视为一种保守立场。正如迈耶所言，对意外后果的绿色关注"正是保守派经常针对复杂社会系统而提出的论点"（Meyer 2016，第 29 页）。例如，保守派哲学家迈克尔·奥克肖特（Michael Oakeshott）曾警告说，"无论创新何时出现，它带来的变化都会比预期的更大"（Oakeshott 1991，第 172 页）。也许存在争议，但诺贝尔经济学奖得主弗里德里希·哈耶克

（Friedrich Hayek）的新自由主义（令人困惑的是，它属于政治右翼而不是保守派）与自然系统不可侵犯性的环保态度更为接近。哈耶克和绿色理论都提倡人类在复杂系统面前保持"顺从"或"谦逊"态度，尽管哈耶克试图保护的是市场不可侵犯性，而绿色主义者则希望保护生态系统（Whyte 2017）。两者都试图禁止对这些地区的运行进行蓄意干预。奇怪的是，新自由主义和环保主义也在同一历史时期（20世纪70年代后）巩固了它们的政治影响力。当然，进步主义的绿党通常拒绝新自由主义经济政策，而且抵制哈耶克对市场自发秩序的赞许。然而，由于各种哲学都禁止渐进式干预，它们也灌输了对殖民传统或市场秩序所导致的不平等的顺从。

与自然和谐共处

对与自然和谐相处之愿的拒绝标志着与传统环保主义的第二次决裂。生态现代主义者绝不是第一个提出发展与环境之间的张力可以通过创新获得解决的。事实上，1987年的《布伦特兰报告》（*Brundtland Report*）虽然因推广"可持续发展"的概念而广为人知，但它同时也认为，增长没有"绝对限制"，因为只要国家的"技术创新能力获得较大提高"，"技术和社会组织的进步"便可以得到持续发展（Brundtland 1987，第6页）。《布伦特兰报告》是联合国大会委托编写的，其目的很明确，就是推荐"如何将对环境的关注转化为推进发展中国家之间以及处于不同经济和社会发展阶段的国家之间更密切合作的方法"（UN General Assembly 1983）。简言之，该委员会的任务是弥合新晋脱殖民化国家加速经济发展的需求与西方环保主义者坚持限制增长之间的鸿沟。布伦特兰关于国家主导创新的观念预示了生态现代主义核心论点的诞生。

然而，生态现代主义者更进一步，为国家驱动的创新确定了一个独特的目标：把人类活动与自然过程脱钩，从而将其对环境的影响降至最低。创新将根据可持续发展的道路是合成、高效或资本密集型，还是有机、局部或手工型，来确定其不同重心。绿色运动的理想公民在郊区的院子里种植自己的食物，从当地生产商那里购买食物，从不乘飞机旅行，并使用屋顶太阳能电池板和电池，与集中式电网分离（或在本地智能电网中与邻居交换电能）。相反，理想的生态现代主义公民居住在高层公寓中，吃合成/培养/密集养殖的食物，通过公共交通出行，使用零碳（核电或太阳能）航空燃料飞行，并连接到由零碳核电和太阳能供电的集中式电网。虽然实施这两种模式都需要社会改革和创新，但它们将带来截然不同的技术挑战。

随着全球人口接近80亿，气候对农业的挑战越来越大，生态现代主义者认为，如果生产要跟上需求，世界将需要持续的技术创新。此外，他们坚持认为，气候困境如此严重，应该评估所有缓解方案的潜力，而不是以意识形态作为排斥方案的标准。在马尔萨斯关于人口的论文发表后的230年里，人口数量从大约9.5亿增加到76亿。然而，今天人均食物的热量供应肯定比农业出现以来的任何时候都要多。正如环境地理学家露丝·德弗里斯（Ruth DeFries）所说，这些进步是通过一系列危机和技术"棘轮"（ratchets）实现的，它们破坏了地球的能量循环。弗里茨·哈伯（Fritz Haber）在20世纪初发明了或许是最重要的棘轮：一种合成氨和生产人造肥料的催化高压法。德弗里斯——《生态现代主义宣言》的合著者之一——不无讽刺地指出，合成肥料的发展将产生过度剩余问题，而非资源匮乏问题，它将成为导致农业生产生态问题的主要原因（DeFries 2014）。然而，在生态现代主义的想象中，这种负面的意外后果并不是拒绝创新的理由,而是要求我们小心管控创新。

相反,随着粮食产量的增加,人口也在增加。因此,现在人类的生存取决于是否能继续利用以前的技术进步。如今,化石燃料消耗的1%用于肥料生产,终止使用这种合成肥料而转向有机农业,将使全球粮食减产40%(Smil 2017)。粮食减产40%(如放弃更多科学手段,减产数量会更大),还能养活接近80亿的全球人口吗?减少用于生产动物蛋白和生物燃料的粮食数量将进一步减少食物供应,使国际粮食分配的公平性更趋紧张。然而,随着肉类生产迅速增长,发展中国家对食品分配和冷藏进行大量投资,这将使食肉地区的生活方式发生根本性变化。虽然这两种趋势都是可取的,但在短期内,这两种情况在政治上都不可行。2007—2008年世界粮食价格飙升的经验表明,农业产量大幅下降的后果是饥饿加剧。在反驳马尔萨斯的"增长极限1.0"理论的过程中,人类社会已经使能源密集型和技术密集型的农业生产模式成为一种必要,而非选择。

尽管如此,绿色运动批评者对生态现代主义的每一个观点,即生产集约化与脱离对自然生态系统的依赖,均提出了质疑。人口稠密的城市真的比郊区或农村生活更环保吗?与有机或自给替代品相比,传统农业的高生产率或全合成产品的创新真的能"为大自然节省空间"吗?核电真的能避免因广泛依赖生物燃料、风能和太阳能而造成的"能源扩张",从而造福于生物多样性吗?上述每一种说法都可以通过实践进行检验,随着新技术的发展,答案可能会改变。尽管生态现代主义者主张将集约化作为一般的经验法则,但他们声称自己的主张是以经验证据为导向的。例如,早期突破研究所的出版物只支持可再生能源,而没有提到核电。但随着人们越来越多地意识到,如果不在存储方面取得重大进展,单靠间歇性可再生能源不太可能实现深度脱碳（见 Sivaram 2018）。生态现代主义的独特性主张是，气候危机如此严重，任何技术都不应被排除在外。

关于集权、唯物主义和消费的意识形态差异构成了许多关于技术争论的基础。例如，考虑到他们对气候变化的狭隘关注，生态现代主义者经常批评德国的能源转型政策，即逐步淘汰零碳核电站，同时保留导致污染的煤炭和褐煤。德国绿党回应说，无核化的长期目标证明任何温室气体的短期增加都是合理的。但为什么消除德国核反应堆比缓解气候变化更为重要？尽管福岛第一核电站发生的事故似乎证实了长期以来针对技术的绿色批评是正确的，且在切尔诺贝利核电站事故后就在德国受到了重视，但核支持者指出，福岛核电站几乎所有对健康的影响都是由于疏散的执行不力及不必要的疏散所造成的，而不是来自辐射暴露（Tanigawa 等 2012）。这种反技术的意识形态与早期的进步主义思想传统（包括马克思主义和社会民主思想家）也有冲突，后者承认技术在改善人类生活水平方面的核心作用，并将满足物质需求视为首要政治目标。今天，文化构成政治生活的观点已经变得如此有影响力，以至于考虑到生态现代主义聚焦于创新和技术，一些人认为生态现代主义很难被视为政治项目（Hamilton 2015）。

很难准确追踪这种脱离唯物主义政治的转变是如何发生的。这似乎既反映了战后几十年西方空前的物质繁荣，也反映了对20世纪中叶发生的灾难的反应。例如，齐格蒙特·鲍曼（Zygmunt Bauman）在大屠杀后的社会学经典反思（1989年首次出版）正好反映了绿党对规模化和傲慢干预的批判：

> 官僚文化促使我们将社会视为管理的对象，一个需要解决的众多"问题"的集合，和需要"控制"、"掌握"和"改进"

或"改造"的"自然",以及"社会工程"的一个合法目标,一个通常通过暴力形成并维护的花园,正是在这样的文化氛围中,大屠杀可以被构思,缓慢但持续地发展及结束。(Bauman 2000,第18页)

鲍曼接着对规模化进行了全面的批判,他认为:

> 行为与其后果之间的物理和/或心理距离的增加不仅仅悬置了道义禁令,甚至否定了该行为的道德意义,从而完全抹去个人道德标准与该行为社会后果的不道德之间的所有冲突。(Bauman 2000,第25页)

虽然一些绿色学者批判了生态现代主义的"人文主义"(Crist 2015),但也许绿色地方主义者自己也表达了一种对立的人文主义观念。人文主义是一种注重人的尊严和潜力的伦理观念。19世纪和20世纪的社会主义思想家普遍主张集中的、高效的全民性服务,以此作为满足物质需求的手段,而绿党现在则将分散的本地生产视为更"真实"的生活方式。因此,许多人将气候变化视为道德挑战,而非技术挑战。他们认为,如果技术、工业化、唯物主义和消费是造成这种混乱的恶因,那么我们应该抵制它们。因此,特定技术的环境效益变得无关紧要。核电能提供了可靠的零碳电力,一些转基因品种通过减少耕作面积而增加了碳固存(carbon sequestration),或者合成动物蛋白的生产可以替代人类对动物的控制,但这些在他们看来都无关紧要,因为接受这些技术修正意味着加倍押注于导致环境危机的傲慢逻辑。

本章小结

生态现代主义作为绿色运动中的一种异端理论兴起,我认为这就解释了它在当下的接受情况。当一个异端团体形成时,捍卫正统者和异端人士之间的仪式性的相互遣责往往目的不仅在于攻击对方,还在于缓解自己的焦虑,巩固阵营内的团体认同(Kurtz 1983)。虽然突破研究所主要试图阐明一个积极的议程,但生态现代主义者对主流环保主义失败进行的反思能起到类似的心理作用。例如,2016 年,在一次被称为"突破对话"³的生态现代主义研讨会上,印度经济学家萨米尔·萨兰(Samir Saran)宣布"我们的贫困不能成为你们的缓解战略",赢得了最热烈的掌声。毫无疑问,这一声明巧妙地让生态现代主义圈站在了道德高地,并毫无疑问增强了其自身凝聚力。当然,仪式性的谴责是双向的。但绿党可能会发现生态现代主义异端学说尤其令人不安,因为它与绿党共享一个信念,即气候变化是一个迫在眉睫的威胁。生态现代主义者说,气候变化非常紧迫,绿党应重新考虑他们对核电、水电等零碳技术的判断,这些判断是在人们尚未了解气候危机的规模之前就形成的。

从异端的角度看待生态现代主义也有助于解释为什么一些绿色环保人士对自称的生态现代主义者抱有敌意,但却很愿意接受与生态现代主义持相同价值观的非环保主义者。奥巴马总统可能是生态现代主义思想的最显赫的拥趸,尽管他从未使用过"生态现代主义"一词。还是总统候选人时,奥巴马早在诺德豪斯或谢伦伯格撅出这一论点之前,就开始推动通过核电缓解气候变化的政策。在他的整个总统任期内,他推动了国家对低碳创新的投资,并主张采取科学知情的方法来处理转基因食品等有争议的技术。奥巴马的就职国情咨文提出了一系列生态现代主义主题,包括呼吁支持"美国创新，继续投资先进的生物燃料和洁净煤技术"，以及"新一代安全、洁净的核电站"。他的 2015 年"创新使命公告"承诺将清洁能源研发支出增加一倍。奥巴马甚至不无吹嘘地表示，他在基础研究基金方面做出了"历史上最大的投资"（Obama 2010）。或许人们在对待总统和对待环境智囊团时总有不同的标准，很多人觉得"生态现代主义"这个称号令人反感，或不可理喻。然而，令人鼓舞的是，许多蔑视生态现代主义的人支持奥巴马总统的生态现代主义广泛议程。当生态现代主义思想不被视为对绿色政治的批评时，它获得的听众可能是最多的。

本章重点阐述了生态现代主义者的核心理念与绿色运动的典型信念之间的区别。因此，我基本上没有讨论它们之间的共同点。无论如何，对生态现代主义最激烈讥讽的时期快要结束了，人们逐渐认识到，应对气候变化需要改进创新政策。事实上，除了最激进的绿党人士，所有人都具有某种技术变革的视野。

两个阵营的人也都热爱大自然。虽然人类学家罗安清驳斥了生态现代主义，但大多数生态现代主义者会欣赏她致力于培养人们对人类与自然相聚的"艺术关注"和"好奇心"（Tsing 2015，第 5~27 页）。例如，曼努埃尔·阿里亚斯－马尔多纳多（Manuel Arias-Maldonado）提出，我们应该培养"对自然世界的好奇心"和距离感（Arias-Maldonado 2016，第 56 页）；杰西·布特尔（Jessie Buettel）呼吁通过将自然趣味化培养人类的亲生命性（biophilia）；艾玛·马里斯（Emma Marris 2017）则描绘了一个"交织脱钩"的愿景，在其间"大自然因我们努力减少消费而变得生机勃勃，更容易接近，并成为我们日常生活的一部分"。

1 CRISPR（全称 Clustered Regularly Interspaced Short Palindromic Repeats），中文通常译为"成簇规律间隔短回文重复"，是存在于细菌中的一种基因组，也是细菌免疫系统的关键构成部分，其中含有曾攻击过该细菌的病毒的基因片段，细菌凭借这些"记忆片段"侦测并抵抗相同病毒的攻击，并摧毁其 DNA。由于这一特性，其目前作为基因剪辑工具被应用于遗传工程中。
2 Bt 是 Bacillus thuringiensis（苏云金芽孢杆菌）的英文简称。
3 由突破研究所举办的技术与环境研讨会，自 2011 年起每年一届，与会者通常包括学者、记者、慈善家、政策制定者等。2016 年的"突破对话"（Breakthrough Dialogue）于当年 6 月 22—24 日举行，主题为"大转型"（Great Transformations）。

第 3 章
技术上的难题

许多气候活动家坚称,消除温室气体排放"所需的技术条件业已成熟",而现状之所以未能得到有效纾解,主要归咎于既得利益者在政治上作梗(Gore 2007,第 213 页;另见 Klein 2015,第 16 页)。生态现代主义者与之意见相左,认为唯有通过创新、推广全新技术,才能从根本上解决温室气体排放问题。要做到这一点,单靠私营企业的聪明才智或自下而上的社会转变是否足够?生态现代主义者对此存疑。他们认为,只有政府有能力和权力推动必要的技术创新。这些争论或多或少折射出意识形态上的差异,但也关涉人们对事实的不同解读。哪里"贡献"了最多的温室气体排放量?是否有一小群上层精英应对此负责?倘若辅之以生活方式的合理转变,现有的技术条件能否使人类免遭全球变暖之劫?我们还能否将全球变暖的限度控制在 1.5℃或 2℃之下？对这些问题的回答将会影响我们对气候的政治回应，因此本章试图逐一讨论上述话题，并在电力这一最为政治化的案例中探讨不同阵营的分歧之处。

另类的愿景

特德·特雷纳（Ted Trainer）是一位退休学者，同时也是一位经验丰富的政治"布道者"。20 世纪 80 年代，他在悉尼郊区的外围建立了一个名为"猪脸据点"（Pigface Point）的"另类生活方式教育小站"，其使命是证明简朴自足的生活方式比物质充裕的资本主义消费社会更有趣味和价值。参观"猪脸据点"时，访客可以看到一架自制的风车、一套泥砖制作设备和一片永续生态花园[1]，还有装饰性的廊桥和天马行空的指示牌。所有这些设施都是为了突出一个主旨，即特雷纳口中"更简单的生活方式"也可以饶有兴味。或许在你的猜测中，特雷纳并非生态现代主义者，但这位已退休的学者既在《原子科学家公报》（Bulletin of the Atomic Scientists）等有影响力的绿色期刊上刊文，也在巴里·布鲁克教授（Prof. Barry Brook）运营的"美丽新气候"[2]（Brave New Climate）这一生态现代主义博客上发声。这难道不矛盾吗？事实上，特雷纳并不相信当前的可再生能源技术足以支持当代社会的能源需求（2010），要解决能源问题，必须大规模削减生产和消费。他指出了两条建成低碳能源系统的道路：要么大规模推广核电，要么让人类普遍转向他提出的"更简单的生活方式"。

在地球的另一端，美国弗吉尼亚州的布莱克斯堡，社会学家兼瑜伽老师艾琳·克里斯特（Eileen Crist）给予了生态现代主义不同的评价。她将《生态现代主义宣言》称为对气候危机的一种人文主义的独特反应，并坦陈宣言中强调的"自由"与"普及现代性成果"这两点不无诱人之处。她甚至写道，相较于我们目前既定的道路，生态现代主义或许绘制了一幅"更清洁、更优越"的现代化蓝图。然而，克里斯特也有所顾虑。她担心将人类的自由置于自然世界的自我表达之上，会有辱"人文主义所珍视的人类尊严"。因此她提出，如果"要兼顾人类与非人类物种的自由，我们现代社会的众多所谓'自由权利'都应受到限制"（Crist 2015，第252～254页）。这里具体指哪些自由呢？克里斯特认为，如果人类停止对自然的支配与压榨，想要持久供养70亿人口无异于天方夜谭，而这种支配关系却是不可接受的，我们因此需要大量减少人口数量。虽然我赞同克里斯特上述论点的大部分推理过程，但指望通过减少人口来应对气候挑战，且人口减少速度要与气候恶化速度相当，恐怕要搞种族灭绝才行。虽然女性教育条件与社会地位的改善都有可能帮助人口增速放缓，但在最乐观的情况下，人口数量也只能趋于稳定，而非迅速下降（Samir 和 Lutz 2017）。

特雷纳、克里斯特和生态现代主义者的政治愿景迥然各异，但他们在某些关键事实上达成了共识，譬如，气候危机形势严峻，解决起来将颇为棘手，且完全依靠个人的消费选择是不行的，还要靠全社会的集体应对。以上每一条观点都曾遭到质疑。首先，气候变化是否确有其事？这个问题已经成了英语世界政治争论的一大焦点，也算是奇事一件。持有气候变化怀疑论（climate scepticism）这样一个完全脱离科学的观点，似乎已经成为美国共和党人的身份标志之一（Kahan 和 Corbin 2016）。诸如曼哈顿研究所的奥伦·卡斯（Oren Cass）等部分共和党人确实承认了经科学调查得出的气候现状，但认为人类有能力轻松适应。持这种观点，则我们不必急于缓解气候恶化趋势，只要随机应变即可，因为与未来的经济增长相比，气候变化造成的经济损失是微不足道的（Cass 2018）。另一保守观点认为，如果对碳排放明码收费，市场就会自行开展必要的创新。在这一问题上，视角的多样性反映出不仅是价值观的分歧，还有对现实情况认知的差异。例如，卡斯对气候成本的分析可能在经济意义上是准确的，但这只是因为其低估了未来应对气候变化的成本，对低收入群体遭受的气候影响漠不关心，也没有将不直接造成经济影响的生态后果折现计入。因此，如果海平面上升，数以千万计的孟加拉国贫困人口将流离失所，或者成千上万种对人类而言没有经济价值的物种将惨遭灭绝，这些悲剧性的事件在经济分析中都是无足轻重的。

在政治的进步一面，越来越多的人强烈认同气候变化的真实性。然而，进步人士在去碳化的难度问题上陷入了困境。一些气候活动家认为，气候变化可以通过个人行为的转变成功解决，如少乘飞机、吃本地产的食物、购买更耐用的商品等。他们认为，这些日常转变将使除极少数榨取主义精英外的每个人都受益，这一观念相当于暗中驳斥了"减缓气候变化在本质上极为困难"的观点。相比之下，生态现代主义者认为，要想在将温室气体减排至零的同时，让全球人口都能获得"现代化的生活方式"，就必须大力创新、普及全新技术。价值观相互抵牾，事实争议不断，公众话语不得不在多个不兼容的论点之间翻转徘徊。有人呼吁私营企业自主掌握领导权，有人呼吁政府监管、撤资或封锁私营企业，而新闻文章针锋相对，瞄准公众自身，列出了个人应做到的十大减排事项（不生育、食素、停开私家车等）。有人承诺绿色产业会带动就业繁荣，有人将"去增长"（de-growth）奉为唯一的解决方案，有人宣称"可再生能源已经在能源竞赛中获胜"，还有人提出在紧急气候状况下可开启战备状态，等等，众说纷纭，不一而足。

在接下来的内容中，我试图将一些基于客观证据的事实从基于主观价值的争论中分离出来。凡本章所举，大部分出自目前最权威的资料来源——政府间气候变化专门委员会（IPCC）。有可靠的科学家声称，IPCC 对气候敏感性的估测不是过高就是过低（Peters 2018，第 378 页），且 IPCC 由来自富裕国家的自然科学家主导，这一身份影响了其知识主张。尽管如此，作为一个联通全球、立足科学、寻求共识的机构，IPCC 提供了截至目前对气候科学最为审慎详尽的报告，有助于我们获取信息，以反思气候治理。正如下文即将展示的，在许多议题上，IPCC 出具的报告都较为含糊其辞，未能明确指出政治或监管行动应聚焦的任一重点。此外，对于气候论辩的各方而言，IPCC 的分析往往会在政策上造成不便，例如，该机构认为相较于风能、太阳能或核能，碳捕集与封存对避免气候变暖的作用更加重要。在 IPCC 的文献之外，我还将绘制碳排放量的国际分布图，探讨更平等的财富分配将如何影响碳排放，并简要回顾最可能促成严格减排的各类创新手段。

本章将得出三个结论。第一，将大气中的温室气体浓度稳定在任何水平都需要重大的技术进步。IPCC 在报告中指出，"要在现实中实施严格的减碳政策，新技术的发展至关重要"（Somanathan 等 2014，s15.6.6，第 1178 页）。"在现实中"这一表述意味着，尽管理论上存有可能，但从现实政治的角度讲，让全球都趋向非常低的能源消耗水平是完全不可行的。如果世界上大多数人都希望达到"小康"（借用中国共产党的说法）的生活标准，那么显而易见，低能耗的道路是走不通的。这一点引出了本章第二个结论：尽管全球温室气体排放在地域上分布极为不均，但我们不能将气候变暖单纯归咎于少数榨取主义精英人士。第三，变暖幅度将达到 2℃ 以上，这几乎已经是板上钉钉的事实。除非我们开发和实施某些人工手段来降低温度（如太阳能地球工程）或从大气中捕获碳（如二氧化碳脱除），否则没有转圜的可能。

温室气体排放源与技术创新需求

任何对气候变化的政治回应都应建立在对碳排放源的了解之上，即哪些行业、国家、群体应该对碳排放负责。我们如果认同"数十年内须实现零碳排放"的目标，最终就必须定位到每一个重要的碳排放源，并通过开发零碳替代品或调整自身消费模式将其一一拔除。

根据IPCC发布的第五次评估报告，主导全球温室气体排放的是以下四个经济部门：电力、工业、农业和运输（IPCC 2014b，第9页）。发电和供暖一起"贡献"了全球碳排放量的25%左右，其中大部分消耗于建筑物和工业生产（建筑物碳排放占总量的18%以上，其中约三分之二来自电力消耗）。在电力部门的碳排放源中，天然气、石油和柴油都占有一定份额，但煤炭仍是主力军。人们对电力部门的碳政策报以极大关注，鉴于发电造成的碳排放量占总额的比例尚不到四分之一，这一关注程度略显失衡；然而，电力去碳化确是重中之重，因为丰富的清洁电力将帮助许多其他部门实现去碳化。"让一切电气化"是脱碳专家们的共同呼声。许多工业流程都可以通过电气化成功减碳。据IPCC计算，制钢、制铝和制铁等碳密集型工艺流程造成的碳排放占到了直接碳排总量的21%。冶金或炼焦煤在其中扮演了重要角色，其用量基本与全球钢铁需求同步增长。

运输部门的碳排放仅占全球总量的14%。虽然电动汽车是公众热议的焦点，但该部门碳排放的相当大一部分实际上出自海运和航空，虽然碳效率正不断提升，但目前还没有可实现碳中和的替代技术。最后一个碳排放大类是"农业、林业与其他土地利用"（IPCC 2014b，第9页），"贡献"了总排放量的24%。除二氧化碳外，农业生产也是甲烷（CH_4，约占温室气体排放的16%）、氧化亚氮（N_2O）和一些氟化气体的主要来源（IPCC 2014b，第6页）。此处IPCC指出了一些效果显著且划算的减碳办法，如"耕、牧地管理"和"有机土壤恢复"，即使在技术创新缺席的条件下也均可实现（IPCC 2014b，第24页）。然而，农业碳排放渠道繁多，如化肥生产、动物反刍、水稻种植等，这一系列问题使得技术创新势在必行。公众在讨论碳排放时往往忽视了农业，或许因为农业领域的碳排放方式过于多样、分散，又或许是民族特色美食与农业生产实践具有深刻的文化意义，使得气候活动家不敢妄加"毁谤"。相比于煤炭，牛奶、牛肉和大米确实不那么容易被妖魔化。

在继续论述之前，我应该补充强调一点：人类影响是一个错综复杂的概念，许多具体的人类活动带来的气候影响都存在着相当大的不确定性。海运就是其中一个较为奇特的例子。尽管海运造成的温室气体排放占全球总量的2%，但可能对全球气候有轻微的净降温作用。集装箱货轮排放的二氧化碳和黑色烟尘使全球变暖，但同时，它们排放的二氧化硫（SO_2）和氮氧化物（NO_x）也会使全球天空变得灰暗，并减少地表接受的太阳辐射。更重要的是，其废气中含有的铁元素会充当海洋肥料，促进浮游生物生长，从而增加对大气中碳的吸收（Ito 2013）。这里还要提到另一项"气候驱动因子"（climate forcing），因为这是一条罕有的、确凿的好消息：自1982年国际捕鲸禁令生效以来，鲸的数量逐渐增加，使大气中更多的碳被海洋所清除（Lavery 等 2010；Pershing 等 2010）。这里蕴含了两个除碳机制：首先，鲸的排泄物为吸收二氧化碳的浮游生物生长提供了肥料；其次，鲸的尸体中固集了大量的碳，当它们沉到海底后，这部分碳将得以封存。

技术创新的需要

我们需要哪些创新举措或社会变革来达成二氧化碳零排放乃至负排放的目标呢？鉴于必要的创新点基本上和碳排放源一一对应，减排之路面临的挑战将会惊人地繁复。尽管如此，人们已经对能源服务去碳化进程中最难攻克的领域做了细致研究，包括航空、海运和长途运输，以及钢铁和水泥等碳密集型材料（Davis 等 2017、2018）。正如前文所述，成熟的低碳技术（如核电）已经可以供应可靠的电力，但供电领域的技术创新仍很有必要。因为若要提升间歇性可再生能源（如风能、太阳能，但不包括核能）在电力生产中的使用比例，就必须开发新的、可调度的、无二氧化碳排放的发电与储电技术。经碳捕集与封存技术处理过的天然气、液流电池和压缩空气储能系统等都是潜在的研究课题。

交通运输（航空与海运）和工业生产领域都急需零碳排且能源密度高的燃料，但如何生产这些燃料呢？电能转燃料技术[3]或太阳能燃料[4]提供了这种可能。在诸如水泥和钢铁等工业品的生产流程中，减少碳排放也需要大范围的技术创新。农业减碳则更为困难，一些碳排放源若非社会变革极难消除，比如水稻种植和牛、羊等动物反刍总是会产生甲烷。尽管一些养殖场将动物反刍所释放的甲烷捕获储存起来，但这只是杯水车薪。农业领域的减排创新大概集中在以下两种方式：提高功效（如高产水稻），或研发农产品替代物（如合成肉）。

国际能源署的创新跟踪框架确定了大约100个"创新缺口"，遍布38个清洁能源技术领域（IEA 2018）。其中很多创新缺口——如生产乙烯、丙烯和芳烃的零碳工艺——可能会让我们这些化工领域的外行意识到自己对现代生活方式所仰赖的工业生产流程何其陌生。甲醇是一种化工原料，同时也可作燃料，因此一个重要的创新缺口就是生产零碳甲醇。生产零碳甲醇有多种方式，如电解氢和二氧化碳，或从生物质[5]中制取，但高成本效益的商业化还有很长的路要走。此外，碳捕获与利用（CCU）或碳捕获与封存（CCS）方面也需要进行创新。许多环保主义者担心CCS技术的真正目的是延长人类对化石燃料的使用时间，阻碍能源迭代。他们的担心是正确的，煤炭和天然气的支持者就经常把CCS技术挂在嘴边。然而，如果能开发出一种低成本、为社会所接受的碳捕获形式，包括水泥、化学制品、钢铁在内的一系列工业生产部门将在一夜之间具备脱碳的可能性。碳利用或低成本的碳封存也将为碳的"负排放"扫清道路。如果我们希望将全球变暖幅度保持在2℃以下，"负排放"就是必要条件（见IPCC 2018，第23页）。

那么，技术创新进展如何呢？国际能源署掌管的"跟踪清洁能源进展"网站（IEA2018）评估了要达成2030年"可持续发展情景"（Sustainable Development Scenario）所需的各类技术进步。对生态现代主义者来说，IEA的"可持续发展情景"是有缺陷的，因为它假设世界各国仍然无法平等地获取能源，且仅考量技术进步是否能达到2030年的目标，而非完全脱碳。然而，即使采用的是如此不完善的标准，IEA发布的结果也并不乐观。只有太阳能、照明、数据中心和电动汽车这四种技术的创新进展与2030年的目标保持了一致。

电力和创新

　　大多数关于气候政策的公共讨论都与电力有关，而且频繁围绕燃煤发电转型的必要性。奇怪的是，有些人明明在尽快让电力生产脱碳一事上意见一致，却正是在他们之间爆发了关于电力问题最激烈的论战。最难看的场面可能要数2017年11月马克·雅各布森（Mark Jacobson）对他的学术论敌提起了1000万美元的诽谤诉讼（随后撤销）。雅各布森是百分之百可再生能源理论的先驱倡导者，伯尼·桑德斯（Bernie Sanders）[6]和纳奥米·克莱因均受其启发。这场诉讼的肇因是环境科学家克里斯托弗·克拉克（Christopher Clack）与二十位合作者在《美国国家科学院院刊》（*Proceedings of the National Academy of Sciences*）上发表的一篇论文，其中有几位合作者与突破研究所有联系。克拉克等人的这篇文章是对雅各布森先前一篇论文的评论，雅各布森在那篇论文中声称自己证明了在全美搭建百分之百由可再生能源供电的电网是可行的。在被提起诉讼的这篇文章中，作者指责雅各布森"搭建的模型有误"、"逻辑不通"且"使用了未经证实的假设"（Clack等2017）。这在学术语言中属于极端严重的指控。但即便如此，学术争议通常还是应该在学术期刊上解决，用不着对簿公堂。

　　关于可再生能源的论战可能尤为激烈，因为该话题牵涉部分绿党成员和气候鹰派之间正在酝酿的文化之战。简而言之，雅各布森的批评者声称，气候变化已迫在眉睫，我们此刻不得不跳出绿色观念寻求出路。现代环保主义正是基于反对核技术这一中心思想发展起来的，因而在气候变化面前，我们陷入了某种两难的局面。虽然法国、加拿大安大略省和瑞典都成功搭建了接近零碳排放的电网，为去碳化提供了范例，但大多数环保主义者仍然更倾向于采取百分之百可再生，且不含水电的能源战略，尽管这一战略至今仍不具备实施的可能性。相比于环保主义者对核电的排斥，生态现代主义者通常强调核电的去碳化潜力，且在这方面已经获得了许多科学家的支持。其中最突出的是气候学家詹姆斯·汉森，他曾供职于美国国家航空航天局，常被称为"气候意识之父"，因为正是他在1988年首次提醒美国参议院警惕气候危险。汉森将"声势浩大的绿党对核电的反对"指认为解决气候问题的主要障碍，并频繁在国际气候谈判中倡导核电。作为回击，一些绿色活动家指责汉森奉行的是一种"新型气候变化否认主义"（Specter 2015）。

一方是百分之百可再生能源的倡导者，一方是对其持批判态度的生态现代主义者——我们究竟应该相信谁？究其本质，技术变革的未来云谲波诡，我们恐怕无法明确指出哪一方更加可信。我所要做的是概述双方提出的几个关键论点，并观察它们与现实趋势的契合程度。可再生能源的拥趸通常论称，风能与太阳能已是最廉价的电力形式，所以它们必然会将化石燃料挤出市场。这种说法是在将事实与幻想混为一谈。首先我们来看事实：太阳能和风能的成本确实经历了大幅下降，在全球许多地区，这两种能源的确比任何其他新建的发电设备成本更低。因此，即使不予补贴，它们也将继续被大规模部署。但问题在于，如果风能和太阳能是最便宜的，为什么诸如煤、天然气、水能和核能等其他能源的产电量还在持续增长呢？根本原因在于，可调度（或应需）的能源所生产的电力往往价格更高；也就是说，可调度的能源对维持电力稳定供应所做的贡献更大。

太阳能和风能最大的优势在于它们只需要在建设时投入成本，设备建成后，只要有阳光照射或风吹过，就能产出近乎免费的电力。不幸的是，这同时也是间歇性可再生能源最大的弱点：有时能产出丰富的电力,有时却完全断供,这使其产出电力的经济价值大打折扣。相比之下,水电站大坝和天然气"尖峰负载发电厂"[7]非常善于根据需求变化通断开关,具备"负荷跟踪"(load follow)的能力,可提高或降低供应量以保持电力生产与消耗之间的平衡,因而对电网而言价值更高。正是基于这一点,指望风能和太阳能迅速主宰大多数电网只能是一种幻想。虽然它们生产电力的成本最低,但其供应与电力需求在时间上并不匹配。只要风能和太阳能在电网能源中只占较小的比例,它们的间歇性就不构成问题。例如,太阳能最丰富的时候通常是中午,这时电力需求往往也相当高,因此对任何电网来说,大量的太阳能都可以解燃眉之急。但如果产自间歇性可再生能源的电力份额逐步上升,那么在阴雨或少风的月份,保障电力安全供应所面临的挑战就会相应增加。要维持电网稳定,任何时候都必须保持供需的完美平衡,而在电力结构中增加间歇性可再生能源会使这一目标越来越难以实现。

要解决"间歇性"问题,从而增加此类电力比重,方法有很多,最常被讨论的是负荷转移、电力储存与电网互联这三种。"负荷转移"又称"需求管理",指将用电需求转移到可再生电力充足的时候。按这一设想的逻辑,智能电网将在有风的时候才给空调、冰箱和泳池泵通电。第二种方式是将可再生能源释放的电力储存起来。锂电池的价格已经下降了很多,因此在供电系统需要"频繁循环"以调节每分钟电频的情况下,我们已经有能力建设电网规模的锂电存储设备了。然而,要想在阳光或风力有限的几天或几周内持续供电,锂电池的储量恐怕还是过于单薄。随着未来电池储能技术不断发展(比如硫基液流电池),储量问题有可能会得到解决,并以极低的成本提供季节性储能。综合来看,目前最具成本效益的储电方式是抽蓄发电(pumped hydroelectricity)。该系统在电力充裕时将水抽到高处的蓄水库，在需要供电时便开闸放水，让水依势冲过水道间的发电机。遗憾的是，抽蓄发电需要占用一定的空间，而且成本相当昂贵，因此很难大规模建设。第三种解决方案是用"中继馈线"（interconnectors）连接世界各地的电网。既然一天之内世界上总有地方接受阳光照射，那么将全球电网联通成一个整体，便能产出源源不断的可再生电力。然而，电力供应具有很强的政治性，要将本国的命运绑定在这样一个全球性的机制中，且往往要同地缘政治中的敌人合作，各国政府自然迁延顾望。实际上，电力供应一事，政治色彩极为浓厚，以至于许多国家内部甚至都没有统一的国家电网，遑论所谓的全球超级电网。

上述的负荷转移、电力储存与电网互联这三种方案已经在发挥着越发重要的作用，将越来越庞大的可再生能源纳入电网之中，但这仍有很长的路要走。截至我写作本章时，没有一个主要经济体的间歇性可再生能源能占到电力总来源的一半以上。即使是该领域的领军者——丹麦和南澳大利亚，也必须依靠与区域电网互联以在风速较低时获得供电。事实上，这些可再生能源大国（或地区）只是把邻国或周边地区当作了储能的电池。关于接下来我们将以什么样的速度取得进展，专家们意见不一，因此我不会妄自预测未来的情况。我只能猜测，在像澳大利亚这样太阳能资源非常丰富的国家，何时能建成百分之百可再生能源电网，取决于何时能在储电技术上取得突破。

对于水电蕴藏较为匮乏的地方，想要实现百分之百可再生能源的梦想，起码还有几十年的路要走。同样明显的是成本问题。运营一个完全采用可再生能源的电网，要比一个60%采用可再生能源，40%采用零碳排放、产能稳定的非可再生能源的电网要昂贵得多（Sepulveda等2018）。尽管这40%的能源可能比风能和太阳能更贵，但要填补可再生能源间歇性供应带来的电力缺口，它们是不可或缺的。零碳电网领域最有影响力的研究者之一、突破研究所前职员杰西·詹金斯（Jesse Jenkins）使用"零碳柔性基底"（zero-carbon flexible base）这一术语来描述此类型的能源。目前，只有很少一部分技术能够提供"零碳柔性基底"，包括核电、水电、经过碳捕获与封存的天然气，或许还要加上太阳热能[8]，尽管到目前为止，已建成的太阳能热电厂表现令人失望（de Castro 和 Capellán-Pérez 2018）。

虽然利用核电实现电网脱碳在技术上完全可行，但此举面临的政治阻力过大，使得由核能主导的全球脱碳之路看起来同样走不通。核电在全球电力中的份额曾迅速攀升，直到 20 世纪 80 年代开始了漫长的停滞，以至于如今我们已经不再具备大规模建设核电站所需的专业知识与技能。数个国家的电网曾在 20 世纪 80 年代几乎实现了碳排放清零，但现在想要复现此成就，恐怕已非常困难。一些人寄希望于先进的非轻水核反应堆，甚至是核聚变技术来扭转发电格局，但这些技术最快也要数十年后才能完成部署（Morgan 等 2018）。

尽管如此，至少在电力领域，我们可以宣称已经掌握了去碳化所需的技术。从理论上讲，依靠核能、太阳能、水能和风能的组合，全球的电力需求就能得到满足，而且在二三十年内完成向核电和可再生电力的过渡，在技术上完全可以实现（Qvist 和 Brook 2015）。然而，由于水电和核电在政治上受阻，水电又易受地理条件限制，加上间歇性可再生能源的整合面临技术障碍，自 1990 年以来，全球电力生产过程中的碳排放强度几乎稳定不变（Ang 和 Su 2016）。也就是说，在气候变化隐患深入人心的这 30 年里，电力部门的碳排放量仍在上升，且增速与发电量的增长基本一致。虽然以太阳能和核能为首的若干种能源理论上可以为整个地球提供零碳电力，但从短期来看，快速减缓碳排放的可能性微乎其微。不过，有证据表明，要打造一套成本最低的零碳电网，通常不仅需要大量低成本的间歇性可再生能源，还需要更昂贵的"柔性基底"或"稳定"的低碳能源（Sepulveda 等 2018）参与其中。因此，如果我们愿意利用所有可调动的零碳资源，去碳化的速度将更快，成本将更低廉。

是否应归咎于少数上层群体？

2014 年 4 月，IPCC 的第五次评估报告定稿。这份报告当时被部分媒体指控为是"阉割版本"，其中"决策者摘要"（Summary for Policymakers）里有三张图表在发布前的最后一刻被删去，分别是按地区划分的历史碳排放量、人均碳排放量，以及贸易过程中的碳排放量。尽管"阉割"的说法有些言过其实，但这三张被删去的图表背后确有深意。IPCC 每次发布的报告都由一份科学报告和一份单独的"决策者摘要"组成，后者的内容必须由委员会各成员国代表一致审定同意。此举正是为了确保在政治上最为敏感的摘要文件中不含有令人难堪的事实真相。上述三张图表显示，自 20 世纪 70 年代中期以来，大多数二氧化碳排放量增长国都并非经合组织（OECD）成员；截至目前，发达国家对世界历史碳排总量的"贡献"已经降至一半以下；富裕国家的人均碳排量仍然居高不下；第三世界国家的碳排量中很大一部分是因生产销往富裕国家的商品而产生的。依照以上数据，77 国集团（G77）关于气候变化主要应由第一世界国家负责的说法已经站不住脚了；同时，富裕国家在去碳化方面饶有成效的假象也被戳穿。

从历史上看，碳排放最先开始激增于率先实现工业化和大规模开采化石燃料的地区，先是欧洲，然后是北美洲。即使到了今天，富裕国家（经合组织成员国）14亿居民的人均碳排放量（约12吨二氧化碳当量[9]）仍是第三世界60亿人均值的将近四倍。人类发展进步、创造财富、耗用能源，都与二氧化碳排放密不可分，因此碳排放量的差异折射出的是经济格局上的不平等[*]。随着中国和印度等国迈入工业化进程，其碳排放量迅速增加，因此目前全球约三分之二的碳排放量来自经合组织成员国之外；在目前的几个碳排放主力国家（中、美、印）中，有的历史排放量曾经微乎其微。就算在当下，印度的人均排放量（2017年约1.8吨二氧化碳当量）仍然远远低于每年约6.2吨二氧化碳当量的全球平均水平（Chancel和Piketty 2015，第11页）。第三世界人民正在诉求从使用现代能源中获益，如薪酬更高的工作、制冷设备、用电烹饪、洗衣机和电脑等，因此全球碳排放的地域重心将持续转移。如果要满足贫困人群对现代能源的需求，全世界必须在减少污染的同时大幅增加能源供应。

以国为单位进行碳排放量的比较，其实没有触及国家间不平等现象的核心，因为这种分析模式忽略了国家内部不平等的加剧及国际贸易的增加。例如，中印两国已经有数亿人跻身全球意义上的中产阶级，他们的碳排放与生活方式更接近经合组织国家的居民。此外，服务于西方消费者的第三世界制造业也在逐步扩张，这些商品的生产支撑了富裕群体的消费行为，但生产过程中造成的碳排放却没有被计算到富人头上，而是相应"南移"。此外，由于国际贸易

---

[*] 虽然在乌拉圭、法国、瑞典和瑞士等部分国家，人类发展指标似乎已经与二氧化碳排放量脱钩（即这些国家的发达程度高于其碳排放量所显示的），但其中有多种因素在起作用，比如这些国家都有丰富的核电或水电供应。

也会造成碳排放,若要全面揭示与碳相关的不平等现状,单单衡量国内生产环节产生的碳排放已经显得越发不足。

2015年,卢卡斯·钱塞尔(Lucas Chancel)与托马斯·皮克提(Thomas Piketty)合作发表了一篇重要的论文,分析全球温室气体排放不均的问题。他们发现,尽管相对于收入分配,全球温室气体排放方面的失衡并不那么严重,但情况仍很严峻。例如,全球最富有群体(美国、新加坡和沙特阿拉伯等国的顶级富豪)的生活方式所产生的碳排放大约是全球最贫穷群体的两千倍(洪都拉斯、卢旺达和马拉维的人均年排放二氧化碳当量约为0.1吨)。纵观全球,前10%的富裕人口"贡献"了碳排总量的45%。毋庸置疑,这些统计数据证实了上层群体对气候变化"负主要责任"的说法,但它们同时也表明,所谓的"上层群体"其实规模相当庞大。大多数第一世界的气候活动家都将讨伐火力集中在一小群挥霍无度、肆意造成污染的上流人士身上,但以全球的标准衡量,这些活动家自己也属于挥霍无度的上层精英。美国、英国或澳大利亚等富裕国家的几乎每个居民都是造成污染最严重的那10%的一员。拿我个人举例,我没有子女,是素食主义者,从未购买私家车,但我也属于那10%,原因在于我每年都会乘飞机出行若干次。如果你想知道自己是否也属于"挥霍无度的上层精英",可以先翻翻自己的护照。

与此同时,世界上较贫穷的50%人口产生的碳排放仅占全球的13%,他们或许可因此被视为气候灾害的无辜受害者(Chancel和Piketty 2015,第30页)。对未来能源需求的许多预测都估计称,当今的不平等模式将在很长一段时间内持续下去。如果这些预测是准确的,许多低收入群体将基本无须执行减排政策,因为他们有限的经济能力就能保证其碳排放仍然维持在较低水平。然而,如果我们在制定减排战略时,预设了全球一半人口未来仍将受困于能源匮乏，那么该战略不仅有失公平，而且大概率会遭遇失败。许多气候行动倡导者谎称碳排放对发展并不形成掣肘，因为他们希望未来的"发展"将只采用太阳能发电和永续农业等"适用技术"[10]，但事实是，碳排放和人类发展仍然系于一体。要减少贫困人口，却不增加碳排放，凭借当前的技术条件是不可能做到的（Lamb 和 Rao 2015）。随着时间的推移，人类发展、财富与碳排放之间的相关性有可能减弱，但前提是有大量的社会变革与技术创新来切断上述关联。可悲的是，在钱塞尔和皮克提的论文所研究的时间段内（1998年至2013年），实际上只有一个群体的碳排放量有所下降——全球最贫困的那10%。同样是在该时间段，第三世界的一部分人晋升为中产阶级，正加入全球高碳排"俱乐部"，而最底层十亿人的生活标准却在进一步下降。

去增长与不平等消费

钱塞尔和皮克提（2015）绘制世界碳排放分布图的方法是识别人均二氧化碳排放当量在7吨左右的群体，这一数字仅仅略高于全球平均值。识别出的群体包括"坦桑尼亚前1%的高收入者、蒙古和中国的上层中产阶级（这部分人的收入在中国排到前30%左右，因此还有两三亿中国人的碳排放量更高）以及法德两国的穷人（收入水平分别位于该国80%和70%的水平）"。两位作者发现，全球收入水平"排在中间40%的人贡献了碳排放总量的42%"，而且鉴于该群体的腰包越来越鼓，他们的碳排放量也会迎头赶上（Chancel 和 Picketty 2015，第30～32页）。

如果我们能劝说富裕阶层过更简朴的生活，是否就能为贫困群体争取到更大的消费空间呢？各收入群体能否趋同至某一消费水平，既满足每个人的需求，又不触及生态红线？这取决于我们将标准定在哪里。部分支持去增长和物质消费锐减的学者试图量化符合地球极限的人类发展水平（O'Neil 等 2018）。虽然迄今仍没有任何国家能在满足公民基本需求的同时，以遏止气候恶化的高标准来利用资源，但若只论及生理上的基本需要——如营养摄取、卫生条件、最低限度的电力供应、消除极端贫困等，现有条件或许可以实现全体人类的温饱。尽管如此，想要实现"更高质量的目标"，如"高生活满意度、国民健康、普及中等教育、民主质量、社会支持"等，我们就必须找到更有效的策略来利用资源，使其更好地转化为社会成果（O'Neil 等 2018，第 92 页）。有两条明显的措施可以改善社会供给，其一是（按照社会民主主义模式）增强公共服务的提供力度，其二则是技术创新。

早在 2011 年，已故瑞典统计学家汉斯·罗斯林（Hans Rosling）就发表了题为《神奇的洗衣机》（The Magic Washing Machine）的 TED 演讲，间接提出人类物质消费水平可能趋同于某一点，即拥有一台电动洗衣机的使用权。罗斯林建议将世界人口划分为四个收入群，分别称为"火炊者"（fire people，无法获取任何电力，用明火做饭）、"灯泡照明者"（bulb people，可间歇性获得电力）、"机器洗浣者"（washing machine people，洗衣机使用者）以及"空中行旅者"（air people，最富裕的群体，有财力乘飞机出行）。截至 2017 年，约有 10 亿人生活在极端贫困中，日收入不足 1 美元；30 亿人日收入在 2 到 8 美元之间；另有 20 亿人每天可以挣得 8 到 32 美元。依照这三个群体共 60 亿人的收入水平，这是最有可能普遍使用洗衣机（不一定要拥有）的收入阶层。大约有 10 亿人属于第四个层级，他们是日收入超过 32 美元的群体，即"空中行旅者"（Rosling 等 2018，第 33 页）。罗斯林指出，虽然最富有的 10 亿人消耗了全球能源的一半左右，但"机器洗浣者"的能源消耗量也超过了四个群体的平均水平。也就是说，在全球消费水平趋于一致的情况下，即使将趋同点设定在能用上洗衣机这一点，而非航空旅行，全球能源需求也会大幅上升。

请别忘了，全球人口虽然增速放缓，但在突破80亿大关之前不太可能稳定下来。虽然大多数预测都表明全球人口可能达到100亿，但女性的教育机会在增加，性别平等取得进步，使得全球人口的峰值在理论上更加接近80亿（Samir 和 Lutz 2017）。这一数据中人口增长的主要原因将是人均寿命的延长。世界平均生育率已经接近"人口更替率"，因此如果没有重大灾难，世界人口峰值几乎必定超过80亿人。如果你和我一样，希望世间人人平等，每个人的生活都至少达到"机器洗浣"级别的舒适程度，那么由此产生的能源需求将大得惊人。如果要承载90亿"机器洗浣者"，即使没有人再乘坐飞机、使用空调或拥有私家车，全球所需的能源也将是2010年消耗量的1.5倍。

用1.5倍这个数字来说服富裕群体减少能源消耗，希望比较渺茫，所以我们不妨设想一下如果90亿人全部按照富裕国家的标准生活，能源需求会是怎样的情形。在这种情况下，能源总需求将是目前的6倍左右。我们再来设想另一种情况，即随着发达国家能源消耗减少、第三世界国家不断发展，世界能源消费反而趋近于当今的瑞典这样一个高能效国家的水平。在这种情况下，全球一次能源消费将约是当今的5倍[*]。

就我个人而言，全球趋同于一个低能耗的未来，这样的前景其

---

[*] 2016年，拥有980万人口的瑞典消耗了5200万吨石油当量的一次能源[11]（2.217埃焦耳）。（见 BP 2017，第7页）

实很难让人雀跃。比如，我认为国际旅行可以极大地丰富人们的生活（Chen 等 2018）。在我设想的美好生活中，任何一个普通人都会希望花一个学期的时间在海外学习、去圣地朝觐、在黄金周出远门探亲，或亲身观看一场世界杯。我对以纳奥米·克莱因为代表的"进步"气候活动家感到震惊与愤怒，他们搬出马克·雅各布森的"未来百分之百可再生能源计划"当作论据，证明我们现有的技术条件已经足以让每个人都享受高品质的生活。假设雅各布森的计划真能得到落实（Jacobson 等 2017），那么这些"百分之百可再生能源"的倡导者渴望将世界建设成什么样子呢？在雅各布森的模型中，全球能源使用仍然维持在不平等的状态，甚至变本加厉，以至于到 2050 年，一个美国人消耗的电力将比 5 个印度人加起来还多[*]。在我看来，与其放任部分群体持续贫困下去，我们应该以技术创新为鹄的，在杜绝温室气体排放的同时，让任何地方的任何人都能得享丰裕的能源服务。

减排计划雄心勃勃，成本几何？

经济分析告诉了我们两件事：其一，即使大刀阔斧厉行减排，成本效益也完全可以实现；其二，去碳化的成本有可能变得相当

---

[*] 这些都是粗略计算的结果。然而，雅各布森的 2050 年预测表格显示，印度的终端需求总量为 996 吉瓦 /8725 太瓦时，美国为 1291.42 吉瓦 /11313 太瓦时。根据联合国 2017 年世界人口前景报告，美国目前人口为 324459000，预计到 2050 将增长至 389592000，而印度的对应数据为 1339180000 和 1658978000。如果按 2017 年的人口比例（低估了潜在的人均差距）计算，印美两国人均用电比为 0.744∶3.979 千瓦，或 6.51∶34.87 兆瓦时，这意味着美国公民的人均用电量约为印度的 5.3 倍。2017 年 12 月 12 日下载自：https://esa.un.org/unpd/wpp/Publications/Files/WPP2017_KeyFindings.pdf；http://web.stanford.edu/group/efmh/jacobson/Articles/I/AllCountries.xlsx。

低廉。对关于减排成本的经济研究，IPCC 的第五次评估报告总结如下：

> 若要在 2100 年将大气温室气体浓度控制在大约 450 ppm CO_2eq（即百万分之 450 二氧化碳当量浓度），与之配套的减排方案将导致全球消费相对于当前基准有所下跌。预计到 2030 年，降幅为 1% 至 4%（中位数 1.7%），2050 年为 2% 至 6%（中位数 3.4%），2100 年为 3% 至 11%（中位数 4.8%）。以上预测值未计入延缓气候变化带来的成效、减排的协同效益及不良副作用（IPCC 2014b，第 15 页）。

换句话说，在经济政策理想的情况下，避免气候恶化的成本几乎低到可以忽略不计。

所以事实最终真如纳奥米·克莱因说的那样吗？来自化石燃料行业的阻力是应对气候恶化的唯一障碍吗？要是真这么简单就好了。IPCC 解释称，上述评估建立在若干关键的假设之上：

> 世界所有国家立即着手推行减排措施；全球实行统一碳定价；所有关键技术都已完备，并已成为估算减排宏观经济成本的效益基准（IPCC 2014b，第 15 页）。

遗憾的是，这三个条件我们一个也满足不了。IPCC 的评估模型不仅预设了上述三个条件，还植入了另外两个更重要的假设：能源获取方面的严重失衡将在未来长期持续存在；低碳技术的研发会获得更多资金。

让我们逐一来看这些假设。首先，减排计划并不会立刻如火如茶地开展起来，因为 IPCC 第五次评估报告早在 2014 年就发布了，可直到现在也未见各国的实质性行动。第二，全球统一碳定价方面至今几乎没有任何进展。虽然各国自主碳定价也起到了不俗的效果，但全球统一碳定价带来的好处是不言而喻的。当代碳排放增长几乎全部见于非经合组织成员国，因此统一各国碳定价一举，蕴含着大多数成本最低的减排契机。在这个意义上，经济学家和伦理学家通常认为，把第一世界的资源投入到第三世界的零碳基础设施建设中将是明智之举。遗憾的是，虽然国际排放交易计划的经济逻辑无可挑剔，但几乎没有政府愿意提供支持。气候活动家常称，富裕国家在道德上有义务"率先垂范"，在不支付国际碳补偿[12]的情况下达成减排目标。同时，此类政策有自降经济能力的嫌疑，保守派极难认同。迄今为止，最重要的国际碳定价计划是《京都议定书》中提出的"清洁发展机制"（Clean Development Mechanism，简称 CDM）。该机制虽然筹调了数十亿美元的资金，却因设计存在严重缺陷而饱受诟病。《巴黎协定》中也为未来的定价计划谈判设立了规则，欲实行一种新的国际碳定价措施，可惜没能吸取 CDM 的经验教训。

虽然国际碳定价进展甚微，但越来越多的国家开始着手于国内碳定价。2017 年底，世界银行报告称，全球约 20% 的二氧化碳排放将很快被纳入碳定价的实施范围。然而，已经实行碳定价的地区通常把价格设定在低于 10 美元/吨二氧化碳当量，远远低于《巴黎协定》的气温目标所对应的水平，即 40~80 美元/吨二氧化碳当量——目前只有约 1% 的碳排放量是在这个范围内定价的（World Bank 等 2017，第 11 页）。碳定价"大打折扣"，部分原因是污染主力的抵制，化石燃料"榨取主义者"一直竭力阻止有效的碳定价政策落地。但除此之外，普通大众也不愿为碳排放买账。

2012年，碳排放定价曾在澳大利亚短暂试运行过一段时间，其早夭证明了该政策的政治基础还很薄弱。尽管在澳大利亚的碳定价设计中，政府实际上是亏钱的（即选民得到的补贴比上缴财政的碳税还高），但保守党反对派仍然高喊"削减税费"（Axe the tax）的口号，并借此在随后的2013年大选中获胜。在本书于2018年底付印时，巴黎"黄背心"暴乱者正在法国政界搅起暴风骤雨，而该事件的导火索正是燃油税上涨引发的群情激愤。

正如大卫·维克多（David Victor）观察到的，相比于能源成本较低的地区，能源价格已经相对昂贵、能源税已经颇高的国家（主要集中在欧洲）对碳定价的接受程度更高。维克多认为，这是由于人类具有规避损失的本能倾向，并将对未来的期望建立在过去的经验之上。主张大幅上调能源成本的候选人很难赢得公众的选票（Victor 2011，第124～125页）。同时，在实施碳定价过程中，中国、美国加利福尼亚州、欧盟等诸多司法辖区都面临着一个相似的问题：初始排放[13]的过度分配破坏了碳定价机制，大大削弱了其效率与力度（Ball 2018）。

如前所述，IPCC的经济估算还规定了第三个前提："所有关键技术"都已完备。IPCC模型认定对全球去碳化最有价值的两项技术是碳捕集与封存（CCS）和生物能源（bioenergy），乍看之下有些奇怪，因为CCS技术目前尚在襁褓之中，几乎未进入应用领域，而生物能源在全球能源供应链中只占微小的比例。然而，在未来，CCS将对钢铁等许多工业部门的去碳化起重要作用，并与生物能源相结合，成为抵御全球变暖的不二法宝，因为根据目前的设想，这种技术组合将帮助人类实现碳"负排放"（Maher 2018，第102～106页）。换句话说，现在看来全球碳排放肯定会超过安全的碳预算，因此人们寄希望于CCS与生物能源结合，或达到能直接从空气中进行碳捕获的技术水平，以"挽狂澜于既倒"。

IPCC虽然承认核能、风能和太阳能效益可观，但仍认为CCS技术和生物能源的经济价值要高得多（IPCC 2014b，第15页）。此处IPCC的分析可能有所漏误，但考虑到CCS、生物能源和核能这三种被IPCC认定经济效益最高的减排技术几乎未能得到任何政策支持的事实，这将是让我们相信减缓气候变化的成本可能比"最低预估成本"要昂贵许多的另一个理由。实际上，当前的政策仍然大幅度向可再生能源倾斜，因此这条缺陷更大、花费更高的减排途径似乎仍将是气候治理的主干道。但如果真要靠间歇性能源来推动减排，电能储存、相关的电网服务与太阳能燃料开发等领域的创新就必不可少。

基于此，在估算减排的经济成本时，对创新政策的预设也应被纳入考量。在关于最低成本减排方案的主要经济研究中，最主流的假设是未来低碳创新获得的投资将增加至现在的3到10倍（Stern 2006；Garnaut 2008，第219~223页）。当"市场失灵"时，公共产品将遭遇投资不足；以往的经济学研究已充分证实，增加创新投资以纠正此类"失灵"是很有必要的。可惜的是，这些研究也经常被挪用作另一说法的论据，即减排不必是一项昂贵的事业，"我们已经掌握了所需的全部技术"（Gore 2007，第213页；另见Klein 2015，第16页）。该说法与事实完全相悖。经济研究表明，有效减排将需要全球碳定价、技术中立[14]政策与增加创新投资等一整套政策措施，而这些措施目前还没完全进入公众对气候政策的讨论当中。可以这样说，气候行动派最好能打开格局，不要再一门心思只专注于可再生能源的推广了。

为何2℃的气温涨幅已成定局？

为什么我认为2℃的全球变暖幅度已经不可避免？要了解我们在气候泥淖里深陷的程度，大气中温室气体浓度的增速不失为一个显要指标，不同浓度对应着不同的变暖水平。人类活动不一定都造成全球变暖，有的活动也会使全球降温，且气候"强迫因子"[15]（能影响气温升降的污染物）多种多样，所以要评估人类活动的气候影响是个很庞杂的工程。IPCC为此制定了一个基本普适的衡量标准，即大气中的二氧化碳当量（CO_2eq），其数值反映"与二氧化碳和其他强迫因子的特定混合物导致的辐射强迫程度相同所需的二氧化碳浓度"*（IPCC 2014c，第121页）。IPCC估算，2011年大气中的二氧化碳浓度为392ppm，而二氧化碳当量浓度却达到了430ppm（IPCC 2014b，第8页）**。2018年，大气中的二氧化碳浓度首次超过410ppm，二氧化碳当量浓度可能远超440ppm。大气中的二氧化碳当量浓度正以每年超过2ppm的速度持续增长，而在厄尔尼诺气候的作用下，2015年的增长量更是直逼3ppm。

这些数值对未来全球变暖意味着什么？我们无法确知未来的碳排放状况，也无从知晓气候系统对温室气体浓度上升的"敏感"程度会如何变化，因此很难对全球变暖做出准确预测。为了厘清这团乱麻，IPCC开发了数百种模拟情景，绘制不同的碳排放轨迹，然后将这些情景数据输入气候系统模型。根据模型估算，如

---

* IPCC（2014b，第12页）解释称，其测量CO_2当量时包含了所有温室气体（包括卤化气体和对流层臭氧）、气溶胶（通常会降低地球温度的污染物）和反照率变化（被地球吸收或反射到太空的太阳能量的变化，由云量、雪量、植被和土地覆被等因素的变化所引起）造成的气候强迫。

** 纳入所有的强迫因子会带来高度的不确定性，因此IPCC只确定该数值在340至520 ppm的范围内。

果到2100年全球温度上升1.5℃到1.7℃，那么21世纪末大气中的温室气体浓度需要控制在430—480ppm CO_2eq（IPCC 2014b，表SPM.1，第12页）。而当前的浓度值超过了440ppm CO_2eq，对应的正是上述1.5℃这个危险区，且碳排放仍在迅速攀升。因此，当模拟情景设定在1.5℃时，往往会允许一段时间的"超量"排放，随后通过负排放进行修正。当设定在2℃时，我们就有了更多的喘息空间，只须在2100年之前将大气中的温室气体浓度稳定在500ppm CO_2eq 左右（IPCC 2014b，表SPM.1，第12页）即可。后者看似提供了很大的宽限，但实现这个目标需要全球温室气体排放量年均下降约5%，直至接近于零，而我们现在尚停留在有增无减的阶段。

那么《巴黎协定》能解决这个问题吗？目前为止还看不到希望。联合国环境规划署（UNEP）每年都会发布一份"排放差距报告"（Emissions Gap Report），旨在量化减排进展。如其标题所示，该报告突出了当前的减排目标与能够遏制全球变暖的水平之间存在的巨大差距。UNEP发现，一方面，要避免气候变暖带来的灾害，降低温室气体排放量刻不容缓；但另一方面，假设我们想用成本最低的方法，将变暖幅度牢牢控制在2℃之内，即使全面实现了《巴黎协定》的目标，也只能完成理想减排量的三分之一。实际上，就算我们如约履行在巴黎签署的承诺，2030年的全球碳排放量也将高于2017年，对应2℃涨幅的"排放预算"也将被耗尽（UNEP 2017，第xiv～xv页）。正如IPCC所解释的，"不管将全球变暖幅度控制在何种水平，我们都需要在未来的某个时间点实现全球二氧化碳净排放清零"（UNFCCC 2015a，第8页）。因此，即使我们把目标宽限到3℃，也势必要"实现能源系统的根本转变，使全球温室气体排放量在2100年前下降至零"（UNFCCC

2015a，第10页）。

本章小结

气候变化会带来哪些政治影响？许多绿色政治理论家认为，维持宜居的气候条件是当今要务，需要个人让渡出一部分自由权利。然而，他们却很少明确界定个人自由需要受到何等程度的限制，或者只是暗示，只要我们提升现存能源的利用效率、践行绿色生活方式——比如多骑自行车、每周一吃素、换上低能耗灯泡等等，气候挑战就能迎刃而解。这种论调将缓解气候变化定义为个人责任，或许其初衷是想聚沙成塔，但结果却是集体层面的无所作为。

本章试图解释为何气候政策必须以创新为要。由于当代文明的技术代谢对生态的打击是毁灭性的，我们在食品生产、交通运输、工业与电力等诸多阵线都需要换用一整套全新的技术。只有在低碳创新成为政策优先项的前提下，我们所需的迅猛的技术革新才有实现的可能。

迫于形势，我们选择的余地有限。要理解这一点，我们还需要对气候危机的各个层面有所了解。要避免危险的气候变化，只能通过组合实施以下三种策略：（1）开发新技术，以实现我们的能源系统和实体环境的转变；（2）对人类自由进行极端约束，以限制电力使用、交通运输、消费及生育自由；（3）采取"地球工程"（geoengineering）措施，以干预气候系统，规避全球变暖的最严重恶果。接下来的三章将探索这些不同治理路径所反映的政治观念。

1 "永续生态"又译作"朴门"(permaculture),指人类从自然界寻找可效仿的生态体系,通过运用生态、农业、园艺等领域的知识仿照设计出的"准自然系统",目的是减少人类对工业生产与分配系统的依赖,建立可持续、自给自足、环境友好的人类生存体系。该理念在20世纪70年代于农业生态领域提出,但现已作为一种广义的文化概念蔚然成风。

2 一个探讨全球气候变化和技术未来的博客,始创于2008年。

3 "电能转燃料"这一说法一般等同于"电转气"(power to gas,简称P2G),指以电力产生气体燃料的技术,利用电解反应产氢,产出的氢气或被直接使用,或再进一步转化为甲烷、液化石油气等气体燃料。这些气体的用途大致分三种,一是直接燃烧产热,二是作为原料制备其他化学品,三是通过常规发电机或燃气轮机再被转化为电力,便于电能以燃料形态被便捷地运输和储存。

4 太阳能燃料指由太阳能产生的合成化学燃料,通常通过光化学、光生物、热化学和电化学反应产生。在合成过程中,质子被还原为氢,或二氧化碳被还原为有机化合物,从而将太阳能转化为化学能,便于储存,以备日后在无法获得阳光时使用。

5 生物质(biomass)这里是指,活着或刚死去的动植物等有机体中,能用来生产燃料、纤维等工业产品的物质。更广义的生物质概念指通过光合作用形成的各种有机体,包括所有动植物和微生物。

6 伯尼·桑德斯是美国佛蒙特州参议员,曾代表民主党参加过2016年、2020年美国总统选举。——编者注

7 尖峰负载发电厂(peaking plants)也被称为调峰发电厂或简称为尖载电厂,这类电站在供电网络的用电需求上升时,会在电力调度中心控制下短时间内运转,以实现电网上的供需平衡。尖载发电厂常与基载发电厂组合使用,前者每度电的发电成本高于后者,因此仅偶尔承担发电任务。

8 太阳热能也叫集热式太阳能(solar thermal),接收或聚

集太阳辐射使其转化为热能,来加热或生产电力。太阳热能发电与将太阳光能转化为电能的光、伏发电是两种不同的技术。——编者注

9 二氧化碳当量是以科学的二氧化碳为基准,考量不同温室气体在全球暖化潜势（GWP）中的贡献,即二氧化碳的 GWP 值为 1。计算 GWP 与评估期长短有关,因为不同气体在大气中的存在时间也不同。举例来说,甲烷在大气中的平均存在时间为 12 年,因此评估期为 20 年的甲烷 GWP 值为 72,100 年则为 25。以二氧化碳当量（CO_2eq 或 CO_2e,即 CO_2 equivalent concentration 的缩写）为度量温室效应的基本单位时,所选取的时间尺度通常为 100 年,即 1 吨甲烷的二氧化碳当量是 25 吨。

10 适用技术（appropriate technology）也称"中间技术",一般指小规模、劳动密集型、高能效、环境友好、本地控制的技术,多用于讨论第三世界后发工业化国家发展的语境中。相对于最前沿的先进技术,适用技术对基础设施和科技水平的要求较低,但相对于最传统的技术又增添了现代化元素,一般被认为有助于第三世界国家在不依赖于密集投资与西方技术模式的前提下解决农村人口脱贫问题,但在对"适用"的界定标准、受益群体与有效性等问题上仍存在不小争议。

11 一次能源（primary energy）也叫初级能源、天然能源,指直接由自然环境提取的能源,如煤、石油、阳光等。与之相对应,二级能源（次级能源）指由一次能源经加工转换后得到的能源,如汽油、电能等。——编者注

12 碳补偿（carbon offset）也叫碳抵消,是一种碳交易机制,指企业或政府向二氧化碳或其他温室气体减排事业投资,由他们通过植树或其他环保项目减少、避免或移除相应的二氧化碳量的行为。

13 初始排放指碳交易机制设计中排放限额的原始分配方案,主要有免费赠送和拍卖两种运作方式。前者主要依据企业的历史排放量或当前产量。

14 技术中立（technology-neutual）指技术的发明者或工具的销售者并不为其意料之外的用途及因此引发的后果负

责，同时也指政府立法或制定政策时不应选择特定的技术方案，而应将决定权交给自由竞争的市场。
15 气候强迫指现有气候系统之外的强迫因子（forcing agents）影响地球气候的物理过程。重要的强迫因子主要包括太阳辐射水平与反照率的变化、火山爆发和大气中温室气体水平的变化等。

第 4 章
低碳创新政治学

生态现代主义者认为，国家是有能力迅速、大规模开发和部署新型零碳技术的唯一合法主体。但什么样的治理思路和政策才能有效调动国家的创新创业潜能呢？请各位读者忍住哈欠，容我详述。诚然，"创新政策"一说既抽象又孱弱，而我们在很大程度上将创新的砝码押在了优化一套几乎公认无聊至极的政策之上，这正是我们的问题所在。"二战"后的几十年里，美国国内达成了一则持久的政治共识，即国家应当出资支持基础科学研究（见 Bush 1945）。在这一时段里，由于政府将技术领导力定为国家安全战略的核心，一个"驱向永久创新"与新技术商业化的"巨型国家机器"得以在美国建立和发展（Weiss 2014，第 2 页）。尽管机能上有所削损，但是这台创新机器如今仍在继续运作。但问题在于，这套创新机制从未着意回应过低碳方面的挑战。此外，自20世纪70年代以来，行动型、创新型国家的概念开始遭到长期冷遇。可以肯定，许多人对创新事业虽表示支持，却并无热情；但在以国防、卫生和农业为主，通常由政府大量注资的少数领域之外，我们极难见到创新的激情。绿色文化推崇行动主义，怂恿其拥护者在环保第一线冲锋陷阵——比如示威者阻拦达科他输油管道建设，海洋守护者协会成员骚扰捕鲸船只，"太平洋气候勇士"[1]组建小型船队封锁纽卡斯尔煤矿等。因此，诸如阿尔·戈尔（Al Gore）、比尔·麦基本（Bill McKibbon）和纳奥米·克莱因等气候运动的思想领袖从未敦促我们上街游行，要求国家投资于低碳创新。当然，创新领域也时而闪现出令人振奋的成果，例如，我第一次见到某位朋友手里的苹果手机，当时的惊异至今刻印在我脑海里。但创新若上升到政策层面，恐怕只有专职科研人员才有兴趣了解。此外，低碳创新周期长，见效慢，无法吸引急功近利的金融与政治资本。

在本书的导言部分，我介绍了一个罕见的特例，即艾滋病解放力量联盟（ACT UP）争取到政府资金支持及改善艾滋病研究条件的故事。为什么ACT UP能够成为特例？首先，艾滋病是一种严重的传染病，鉴于由此引发的人心惶惶，诊疗创新带来的好处不言而喻。确诊感染艾滋病病毒曾一度等同于被下了死刑判决书，只有医学上的突破才能带来减刑的福音。有些确诊病患有权有势，我们完全可以相信，他们对研究议程的改变做出了实质性贡献。例如，唐纳德·特朗普的已故导师、纽约律师罗伊·科恩（Roy Cohn）曾是齐多夫定（AZT，一种治疗艾滋病的抗逆转录药物）的最早受益者之一。科恩对外既否认自己的性取向，也否认自己罹患艾滋病，因此我们可以确信其并非ACT UP的支持者。其次，政治意识强烈的一部分人认为20世纪70年代兴起的新同性恋文化弥足珍贵，值得捍卫，但艾滋病的出现给了他们沉重一击。这些活动家急于洗刷掉艾滋病病毒带来的污名并"继续推进同性恋解放运动"（Berkowitz等 1983，第 37 页）。如果启蒙运动的进步理想可以被理解为对缺乏根据的传统进行"祛魅"，并将其暴露在理性的光辉之下（Bronner 2006，第 19~20 页），那么，同性恋解放运动就必须坚举启蒙事业这杆大旗。

然而，促使 ACT UP 聚焦于创新的诸多因素在气候活动家这里都失去了吸引力。第一，艾滋病研究带来的益处直接惠及个人，且很可能立竿见影，但投资零碳创新所带来的收益却高度分散，作用于全球，回报周期漫长。第二，大多数艾滋病活动家认为同性恋文化（包括性文化）是有价值的，值得保护，而大多数绿党人士却哀叹当代社会消费主义大行其道。假如创新成果容许第一世界的生活方式持续高速发展，或者还能让第三世界的能源消费水平也大幅提升，这些人将会深感失望。第三，从乔治·布什到比约恩·隆伯格（Björn Lomborg）[2]，低碳消费的倡导者往往缺少诚意，以至于一些人认为，政府或组织以智识为由为创新背书，其实只是在为自己的保守和不作为找借口。有鉴于此，气候运动未将创新列为优先事项，也就不足为奇了。由于缺乏有力的倡导者，在气候变化逐渐进入公众视野的几乎整个过程中，花在能源领域研发上的公共开支却走了下坡路。IPCC 在 2014 年发布的第五次评估报告中披露了这一疏漏，并指出，在国际能源署（即 IEA，由富裕国家组成，至今仍主导全球能源研发）成员国中，能源领域在国家研究支出中占到的份额自 1980 年以来减少了一半以上，从 11% 降至仅有 5%。2009 年之后，甚至连能源研发支出的绝对值都有所缩减（IPCC 2014b，7.12.4）。同时，许多经济学家认为，碳定价机制将比技术革新更能有效应对气候变化，但遗憾的是，已经实施碳定价的地区往往把价格设置得过低，以致并未为创新带来实质助益。

生态现代主义倡导国家发起的"使命导向型"创新，其主张可提炼为六点：由于（1）气候变化威胁日益严重，（2）公共政策应竭力减缓此恶化趋势，但（3）凭借现有技术和政治条件，不可能实现短期内大幅减缓，因此（4）我们需要更具价值的低碳技术；（5）历史证据表明，加快技术创新主要靠国家主动干预，因此（6）气候活动家应把要求国家更多地参与低碳创新定为其核心策略。这些主张中，前两条饱受保守人士抨击，而第四条则是绿党人士的众矢之的。

本章旨在研究最后两条主张，即利用国家权力加快低碳创新，在政治上是否可行。我认为，如果要采取气候行动，将重点放在这个目标上会是明智之选。虽然这一论点委婉地批判了气候运动在促进创新方面的失败，但有必要澄清的是，低碳创新或低碳产业政策受阻的罪魁祸首并非绿党的举棋不定，而是在更广泛的政治文化中，国家指导下的创新行为始终未获得明确政治定位。我将在本章回顾这种广泛层面上的"创新政治"，并提出，生态现代主义的使命导向型创新理念结合了两种主张，抵消了新自由主义经济模式的被动性。第一条是国家应扮演分量更重的经济角色，成为重要的创新发起者与运营者；第二条是技术创新的方向不应下放给自由市场或军事需要来决定，而应被置于深思熟虑、具有生态意识的政治把控之下。兰登·温纳，一位社会与技术领域的绿党学者，很久之前就已阐明此观念的另一版本，即社会的技术构成应被纳入政治审议的范围。但温纳关注的是技术对我们日常生活和民主政治的影响，而生态现代主义者则主张技术选择必须服从缓解气候变化的迫切需要。环保主义者多认为政府本质上是霸道的，天生具有生态破坏性，但生态现代主义者却认为，只有政府才有能力启动必要的技术变革。

如果创业型政府同时受到左翼绿党和右翼新自由主义的双面夹击,这是否意味着大破大立的创新议程在政治上必然流产?答案是全然否定的。政府此前曾积极行动,培育风能和太阳能技术,使其如今成为真正有竞争力的技术手段。有此例在先,我们有理由心怀希望。如果政要们意见统一,齐心协力,我们也许还能在其他领域复制此前的成功。事实上,政坛格局可能已经在悄然转变。其中一个变化是由大国政治驱动的。中国崛起,美国意图从全球一体化的自由经济秩序中抽身,二者共同作用下,国际形势变得越发严峻。具有讽刺意味的是,由于国家对技术的兴趣程度往往取决于外界的威胁,因此鉴于当前世界正向竞争更剧烈的"多极"局面"倒退",政府对创新的兴趣反而可能有所上升。知识界的风向也在变化。本章最后将讨论奥巴马政府的"创新使命"(Mission Innovation)倡议。这是一项多边承诺,目标是将清洁能源研发支出翻倍;虽然美国不再牵头,但该项目仍然继续存活。这表明全球精英对低碳创新需求的认识正在增进(见 Trembath 2015)。然而,若无法获得广泛的群众支持,这一新的气候创新议程将很难蓬勃发展。

玛丽安娜·马祖卡托、弗雷德·布洛克与"使命导向型"创新

生态现代主义者借用了"使命导向型创新"和"引导型技术变革"这两个表述方式,他们关于国家在创新中作用的许多观点来源于以玛丽安娜·马祖卡托(Mariana Mazzucato 2015)和弗雷德·布洛克(Fred Block 2011,2018)为代表的一群学者(另见 Acemoglu 2002;Mazzucato 2015;Weiss 2014;Mazzucato 和

Semieniuk 2017）。与主要关注分配问题的左派人士相比，马祖卡托和布洛克都认为，一个进步的政府也应寻求经济加速增长。他们认为，在快速增长的经济形势下更容易实现收入与财富的公平分配。布洛克认为，"当增长滞缓时，重新分配财富必然会遭遇更大阻力"，且过去四十年来，"经济这块蛋糕虽然增长缓慢，但富裕的反动派总能成功切走更大的一块"，这已成为美国政治的特点（Block 2018，第65~76页）。他还注意到，他提出的支持增长的进步议程与保障最低收入或以就业为中心等左派主张略有不同，而与绿党的"去增长"或"稳态"经济见解大相径庭。

虽然马祖卡托和布洛克的研究影响了生态现代主义的气候回应，但这两位学者关注的焦点都与环境无关。他们回应的是不平等日益加剧，经济增长滞缓和生活水平下降，这些问题正在侵蚀几乎所有发达国家的政治生活。马祖卡托认为，要阻止这种"陷入长期性停滞的趋势，就需要制定相应政策，旨在实现创新主导、智能增长的同时，也能使发展成果普惠社会各阶层（包容性增长）。国家必须着眼全局，高屋建瓴"（Mazzucato 2015，第14页）。然而，这一角色会使政府显得野心勃勃，干预过多，在她看来，政府要公开承担起这样的角色已经变得愈加困难。虽然早在20世纪70年代，国家应是"单纯的促进者、管理者及监督者"这一主张就已在经济领域取得了支配地位，但马祖卡托称，自2008年全球金融危机以来，这种去国家化观念开始变得更加根深蒂固。该论点也许忽略了这样一个事实：投资创新及部署绿色技术——有时也被称为"绿色凯恩斯主义"——实际上构成了中美两国应对金融危机的手段之一。马祖卡托也意识到，尽管各国政府坚称自己未曾僭越其职能，但他们一直在为创新提供支持。问题在于，政府支持创新的手段往往是给予优惠贷款、增加对基础研究的投资等，而这些措施总会给私营部门从中牟利的机会。马祖卡托的政治目标就是抵制这种盛行的观念形态，第一步是承认国家在创新中的实质作用，第二步是促进国家加倍扶持创新，并将其努力集中于推进公众的共同利益之上。

那么这种包容性的、以创新为主导的经济增长如何才能实现呢？马祖卡托认为，如果我们重新定义政府，将其理解为一个承担风险的企业家，就可以优化该经济体的表现。在古典自由主义经济学中，国家干预的目的是纠正"市场失灵"，失灵的一个典型例子就是，一项创新成果创造出"正外部性"[3]，即创新者自己无法轻松获得该成果带来的价值。比如，尽管某种新的生产工艺可以减少空气污染，最终造福全社群，但私营部门可能并没有动力去研究和推广它。这一点已被广泛接受。但马祖卡托指出，除了狭义的市场失灵机制外，私营部门还有偏好短期投资、追求低风险等特点，这也给创新增加了难度。如果一届政府具有企业家精神，抓住机会，就能促进经济整体增长，然而，要实现这一目标，国家既需要对高风险的创新项目进行公共投资，也须充分理解其长周期、高风险的特性，长期稳定提供公共财政支持。

对国家干预持怀疑态度的人担心贪腐、寻租[4]和其他形式的"政府失灵"（government failure）会加剧资源的入不敷出。作为对此类批评的回击，马祖卡托试图在历史分析的基础上立论。她表示，通常出于对国家安全的考量，政府长期以来都是创新进程中的核心角色。除了大多数经济学家都赞成的基础研究，政府资助的对象还常包括应用性研究，为其提供初期资金，并利用采购与需求政策来培育新兴市场，促进技术推广（Mazzucato 和 Semieniuk 2017；另见 Edler 和 Georghiou 2007；Weiss 2014）。在过去的半个世纪，美国政府扮演了创新激励者的角色，促成了计算机、信息技术和智能手机领域的多数重大进展，这一点已得到相当广泛的认同，但突破研究所在其报告中概述了美国政府所培育的一系列其他技术，如铁路、新品种作物、核能、生物技术和压裂技术等（Jenkins 等 2010），补绘出政府助力下的完整创新阵线。包括核电、水电和通过煤改气技术实现的"页岩气革命"（shale gas revolution）在内的众多创新项目都为美国温室气体减排贡献了力量。此外，风能和太阳能也贡献良多，这两者的研发主要归功于丹麦、德国和中国。

政府支持创新会给社会财富失衡带来什么影响？公款资助研究，产出的成果效益是否会被私营企业垄断？例如，从美国政府近期的创新投资中获益最多的是苹果（Apple）和马塞勒斯（Marcellus）页岩气等公司的投资者，而非整个社会。马祖卡托将此现象归咎于以往的政策缺陷。如果"创新过程中产生的经济收益可以依照贡献比例分配"，那么创新就能对消弭不平等起积极作用（Mazzucato 2015，第 201 页）。换句话说，若能使经济收益既流向为创新背书的政府，又流向作为创新中流砥柱的劳动力群体，那么不平等现象就能通过政府指导创新得以缓解。马祖卡托认为，要做到这一点，政府需要入股自己资助的、将创新成果商业化的企业，以此为社会赢得一份公平的报偿。

但为什么政府没能循此路而行呢？马祖卡托认为，政府资助创新，催生了一批私人受益者，他们已经有能力进行意识形态输出，比如宣扬自己如何筚路蓝缕、单枪匹马缔造创新神话，为其巨额财富提供合情合理的来路。毋庸置疑，私营企业的创新从业者做了许多重要的工作，但私企的主要任务是将国家投资的新技术成果推向市场，究其根本，其经济结构是寄生性的。由此带来的结果就是，私营企业的富商巨贾们引发了大众对高学历精英的普遍不满，民众对整个创新事业持有越发严重的怀疑。这样说来，创新事业正面临来自三方的威胁：倡导适用技术（appropriate technologies）的绿党、社会平等的左翼捍卫者、政府干预的反对者。此三者不约而同地携手成为发展主义项目的拦路虎。

作为一名象牙塔里的经济学者，马祖卡托有着近乎社会名人级别的知名度。她的观点受众很广，尤其在英国工党内很有影响。例如，影子内阁财政大臣约翰·麦克唐纳（John McDonnell）将该党的产业政策描述为：围绕"国家任务，紧密遵循玛丽安娜·马祖卡托指出的道路"（McDonnell 2017）。然而，虽然马祖卡托的观点受到了进步主义政治家的普遍赞誉，但学术界仍没有就最佳的创新政策达成共识。尽管很多例子表明，创业型政府的确能够脱颖而出（可参考日本、中国台湾和韩国），但也有证据显示，在政府未实施干预性产业政策的情况下，创新事业也有可能坐上火箭，比如在以色列，政府负责资助基础研究领域，创新环节主要由私营企业掌控。看起来，创新成功与否取决于国家政策，政府通过在科学家与能实现其科研成果转化的企业之间牵线搭桥等方式，解决基本的市场失灵与渠道不畅问题。但有持异见的学者指出，要实现这一目标，有各种各样的组合政策可以采用，并非只有国家干预这一条路可走（Taylor 2012，第118页）。马祖卡托的批评者们还有一点言之有理，即她给出的都是精心挑选的正面案例，如果我们对创新政策进行更系统的分析，很可能会发现其中暗藏着低效或贪腐等现象（Mingardi 2015，第603页）。

但如果我们的兴趣在于加快低碳创新的步伐，那争论政府低效与否就没有多大意义。即使新古典主义经济学家正确地指出，当政府只资助基础研究，将创新市场留给私营企业时，国家的创新率与经济增长步幅都会增大，我们仍无法从中得知如何才能最大限度地加快零碳创新。以盈利为导向的公司开发低碳技术的动力微乎其微，因此无论市场如何洋溢着创新精神，只要其处于自由放任状态，就不大可能承担起这项任务。因此，致力于加速低碳创新的政府决策者大致握有两类政策杠杆：一是为碳排放定价，二是国家干预以促进零碳创新。许多经济学家认为，这两种方式均有必要，应双管齐下。英国（Stern 2006）和澳大利亚（Garnaut Report 2008）两国政府委托进行的国家气候政策审查中也支持了这一点。然而，到目前为止，创新与产业政策都只集中在促进可再生能源发展这一狭隘目标上，而更宏观的去碳化议程却乏人问津。在实施碳定价的地方，价格也定得过低，无法推动碳消费变革。

让我们想象一下，如果政府真的大力投资低碳创新，成效会显著吗？有一种批评意见认为，国家并不擅长制定和实现具体的技术目标。例如，虽然互联网和智能手机都是美国政府的科研产物，但政府从未特意尝试研发一套全球互联的计算网络，或一台适于自拍并晒在"照片墙"（Instagram）上的手机。然而，如果我们查阅一下军事创新的历史，或了解一下核电和现代可再生能源的发展历程，我们会发现国家有时的确实现了特定的技术任务。尤其在国际冲突一触即发的关头，政府已经反复证明自己有能力将科学知识转化为可部署的创新成果。正如弗雷德·布洛克（Fred Block 2018，第73页）提醒我们的："'一战'推动了飞机和无线电技术的重大进步，'二战'为我们带来了原子能、雷达、第一批电子计算机及抗生素。"对于零碳创新，除了由国家发起技术任务，我们可能别无选择。如果真是这样，效率低下或研发失败的情况或许是一种必要的成本，可以被控制，但无法完全消除。真正的问题在于，如何为当前不同的创新任务制定最适合的组合政策。

为了说明这一点，我们可以考虑世界上最大的五种接近零碳的能源：水电、核电、风力发电、生物发电和太阳能光伏发电。其中每一种都是通过国家与私营企业接力式合作得以发展的，但如果不是国家有意采取行动，这些能源不可能得到大规模发展与部署。例如，尽管私营部门推动了水电的初期发展，但水电设施规模大，硬件要求高，要建设大型水电工程非由国家统筹不可。世界第一个大型水电项目，装机容量高达 2000 兆瓦的胡佛水坝（Hoover Dam）即是由美国国会发起建设的。1928 年，美国国会根据《博尔德峡谷项目法》（the Boulder Canyon Project Act）为该项目拨款 1.65 亿美元，创下了当时世界上单笔拨款的最高纪录（Hiltzik 2010，第 120 页）。另一个例子是核电。核技术得以肇兴，几乎完全由政府主导，用作国际竞争中的重磅砝码。1939 年至 1945 年间，各国竞先研发原子弹，推动了原子科学的发展，使得民用核电产业成为可能。由于另一军事项目——核动力潜艇的发展，轻水反应堆[5]逐渐成为民用核电的主要来源（Cowan 1990）。尽管美国的民用核电站最终是由私营企业建造的，但整个核电产业的诞生都要归功于国家主导的科学研究。

经过美、日、欧、中等地区连续多轮的政府扶持，风能和太阳能技术已日臻成熟。迈克尔·阿克林（Michaël Aklin）和约翰内斯·乌尔佩莱宁（Johannes Urpelainen）在 2018 年出版的《可再生能源：全球能源转型的政治问题》（*Renewables: The Politics of a Global Energy Transition*）一书中对此有所描述。风能和太阳能都有悠久的开发史。比如，法国数学家奥古斯丁·穆肖（Augustin Mouchot）早在 1874 年就演示了人类第一台太阳能发动机，用来驱动印刷机工作；第一块硅太阳能光伏电池也早在 1953 年就问世了。然而，直到 20 世纪 70 年代石油危机后，各国政府才决定大幅增加对所有类型能源研发活动的支持。美国和德国启动了大型的太阳能研究计划（Aklin 和 Urpelainen 2018，第 114 页）。同时，丹麦政府采取了减免税收、补贴投资等监管措施，以农业合作社为主阵地，促使私营部门开发和部署风力发电。美国的新能源支持力度在里根政府时期逐渐减弱，但欧洲和中国的投资者先后接棒，持续发力，帮助技术发展突飞猛进，成本不断下降。

阿克林和乌尔佩莱宁指出，可再生能源的部署模式似乎令人有些费解，因为其与各部署地的自然资源禀赋完全不相符。英国的风力资源得天独厚，但可再生能源的份额却小得可怜，与之相对的是德国，即使自然环境条件并不理想，仍然大规模部署了风能和太阳能设施。两位作者认为，左右可再生能源部署模式的并非效率，而是"公众意见、政府中的党派意识形态以及各相关产业施加的政治经济影响等因素"（Aklin 和 Urpelainen 2018，第 4~14 页）。在德国和丹麦，倡导可再生能源的声音尤为响亮，其中一个重要原因就是公众对核电关注度的提升。这两个国家已经达到了"可再生能源锁定"的状态，而其他大多数国家仍然处于"化石燃料锁定"的阶段[6]。同时，不同国家和地区选择了不同的研发政策或激励计划，这主要反映出在国家制定政策过程中，某些特定思路起到了主导作用。也就是说，执政精英们在某一特定时刻所接受的想法往往会决定日后施用的具体政策机制。

阿克林和乌尔佩莱宁的兴趣主要在于可再生能源的政治经济学，而非气候政策，所以在上述例子中，对于德国居高不下的温室气体排放量，他们并没有多谈。不过，他们有一点说得很对，可再生能源的成本已经下降，政策模式日益成熟，还能给执政形象加分，多种因素结合之下，不同发展程度的国家都对可再生能源计划萌生了兴趣。在发展中国家，要给电网未能覆盖的偏远地区家庭供电，太阳能已经成为一种非常实用的方法。2000 年，风能和太阳能在全球电力供应中的份额小到可以忽略不计，但在 2017 年已上涨至4%，且目前的增长速度远远超过其他任何能源。即使没有政府补贴，这两种能源也会继续得到部署。

然而，可再生能源的发展能达到如此地步，凭借的仅仅是一群环保意识强烈的人联合起来宣传造势，借此推进相关的产业与创新政策。我们不禁要问：在发展迅速脱碳所需的其他技术时，是否能参照可再生能源的发展模式呢？第一世界的公众舆论有能力推动优先项目的研究（常见于发展中国家的疾病则被大大忽略了），在举国争论可再生能源时发声，但我们有理由担忧其发挥的作用。事实证明，直接从空气中捕集碳（或碳捕集与封存技术）在政策上似乎不如可再生能源诱人。或许公众会对先进的存储技术、太阳能燃料、氢动力技术甚至核聚变研究提供更大的支持。可再生能源的例子无疑证明，如果政治行动多多支持创新，政府加大对使命导向型研究的投资，技术变革就有希望来临。

新自由主义与平民主义进步反对派

前文提到，阿克林和乌尔佩莱宁认为精英的思想观念可以促进或阻碍技术创新，因此创新是有希望成功的。但事情并没有那么简单，不考虑风能和太阳能这两个特例，无论是进步还是保守的精英都不愿依靠国家支持创新来应对气候问题。国家应在创新领域发挥积极作用，技术创新的进程应该由政治而非市场力量决定——这些观点在正统的新古典主义经济理论看来是不可接受的。因此，在撒切尔时代，甚至连国家参与基础科学研究都会受到意识形态上的直接抨击（Kealey 和 Nelson 1996）。如今，虽然国家在国防、农业和医学研究等领域仍有广泛投资，但这些都被视为例外，不可推而广之。因此，除了满足国家安全相关研究所需，其他任何使命导向型的创新都与时代主流的经济思想背道而驰,这是其面临的第一重障碍。

  部分人告诫政府既要为研发提供费用,又不要过多干涉、给创新"挡路",若真如他们所愿,私营企业将有机会垄断创新收益,造成双重恶果。政府知道,很大一部分创新企业最后都撑不下去,但一旦任何一个自己出资支持的企业倒闭了,就等于给政治对手创造机会,让自己背上无能与挥霍的骂名。政府无须对创新负责已是共识,因此"涉事"政府往往无力洗刷这些指控。这方面的一个例子是索林佐(Solyndra),这家新成立的太阳能电池板制造企业因未能偿还对美国能源部贷款项目办公室的债务而宣告破产。共和党人借此大做文章,声称索林佐破产反映了奥巴马政府的无能。贷款项目办公室的一系列投资组合在总体上是成功的,但这已经无关紧要了。一旦出现此类情况,政治家所遭受的批评可能会比负责该项目的基金经理遭受的更加严厉,这使得政府在向创新项目投资时,通常会出于政治保险的目的与其保持一定距离。

  现在让我们看看持进步立场的平民主义者是如何看待创新的。美国记者和历史学家托马斯·弗兰克(Thomas Frank)在其2016年出版的《听着,自由主义者!》(*Listen*,*Liberal!*)一书中将枪口对准了"创新"这一"不实之词",并将美国中产阶级和工人阶级的贫困归咎于此。弗兰克认为:

> 劳动者享有的国家收入份额被压缩,原因并不在于技术创新,相反,技术创新只是这种畸形发展采用的借口。"创新"是一个不实之词,用以说服我们接受本不愿或无法容忍的经济安排,让我们相信,我们现时身处的经济权力结构是按照科学、自然或上帝的旨意来配置的,是不偏不倚的……自20

世纪70年代以来,这些创新之谈衍生出不同版本,在我们耳边挥之不去,比如共和党的咆哮版本,要求我们在万能的企业家面前领首服从,或是民主党的友好体贴版本,承诺以就业培训和学生贷款来修复我们的经济创伤。(Frank 2016,第215~216页)

弗兰克的讨论在我看来略显肤浅,因为他关注的是优步(Uber)和任务兔(TaskRabbit)[7]之类的应用软件,它们只是开创了连接工作者和客户的新方式(尽管可能破坏了劳工标准),而不像开发低成本太阳能电池、更有效的疟疾治疗方法或合成燃料等技术创新一样,具有明确的社会效益。然而,弗兰克对"创新"的蔑视足以显示由创新主导的气候政策将面临怎样的政治挑战。弗兰克真正关心的是经济平等问题,但悖谬的是,我认为他低估了任何成功的创新所固有的社会成本。创新绝不是"不实之词",它产生直接的分配后果,可能使全社会受益,但在其运作过程中,特定劳动群体会遭到重大打击。例如,可再生能源和天然气开采方面的创新减轻了美国对煤炭的依赖,同时,矿场的自动化程度不断提升,对采矿社区造成了冲击。根据美国劳工统计局的数据,从1985年到2018年,美国的煤矿工人数量从17万人以上降至约5.2万人。

同样的剧情也在其他行业上演。我的第一份固定工作来自一家银行的呼叫中心,这份工作也为创新与冗余之间的博弈提供了一例生动的注解。一开始,我所在的工作场所迅速扩展,销售和客服工作都从分行转移到了呼叫中心,这里的服务和培训更易统一标准,效率也更高。接下来,呼叫中心将工作转移到了印度和菲律宾等工资标准较低的国家,便开始了一轮接一轮的裁员,即使是剩下的这些岗位,也在人工智能辅助聊天技术的威胁下变得朝不保夕。这些转变正是由马祖卡托所称颂的计算机与通信革命造成的。人工智能程序设计岗位方兴未艾，淘汰了一批旧岗位，很可能比这些旧岗位所需的技术要求更高，报酬更丰厚，并且有望带来更大的成就感。庞大的剩余劳动力群体被清除，整个经济系统的生产力也随之提升。然而，被裁掉的工人和他们的社区并不能享受到这种抽象的好处。有些创新项目听起来更加有益无害，比如改善饮用水和卫生条件、促进疫苗接种、推进公共卫生政策等，这些举措使最贫困国家的人口预期寿命与健康水平迅速提升。可尽管降低儿童死亡率的好处显而易见，但这些旨在保护生命的创新项目仍面临着来自传统医学从业者与疫苗接种反对者等群体的阻力。创新总会造成不平等，破坏既定的生活方式，如若没有开明的政府或强有力的工会进行阶段性管理，创新几乎必然会产生政治阻力。新古典自由主义经济学欢迎创新，但不欢迎国家参与，而许多进步人士则怀疑创新，希望政府加以控制和限制。创业型政府真正的支持者可能寥寥无几。

气候运动应该如何看待技术和国家？

绿色运动（the Green Movement）通常对政府和"傲慢的"先进技术均持怀疑态度，那么他们出自本能的怀疑对于气候行动有多大帮助呢？虽然生态现代主义寻求国家干预，主张技术日益复杂化，似乎与"绿色智慧"背道而驰，但换一种角度看，其思想也部分植根于绿色运动。首先，我们来考虑一下生态现代主义的首要论点，即人类社会应寻求对其技术基础进行自主意识与民主管理下的改造。此处生态现代主义师承兰登·温纳，他著有技术政治研究的经典之作《鲸与反应堆》，其中指出了现代政治思想未能"批判性评估和掌控我们社会的技术结构"，并对这一失败作出了回应（Winner 1986，第57页）。温纳主要着眼于技术对日常生活的影响，包括"个人习惯、认知、自我概念、时空观念、社会关系、道德与政治界限等"（Winner 1986，第59页），同时也洞察了"计算机革命"对人类社会交际与民主的潜在破坏（Winner 1986，第99~102页），认为"技术设备作为中介改变了人类的日常生活"，主张将这些"明显和细微的改变方式"纳入政治讨论（Winner 1986，第9页）。他呼吁通过政治审议来评判技术对人日常生活的影响，这在当今显得更加重要，因为故意使人成瘾的手机应用软件正在逐渐侵蚀我们的日常生活及注意力，广告的投放算法也将我们束缚在一个个孤立的信息茧房里，向我们推送特定的新闻，从而破坏用于政治审议的共享空间。

然而，《鲸与反应堆》出版于1986年，当时气候变化的威胁还未进入公众视野。既然技术可以带来如此重大的社会影响，那我们在选择技术的时候，该如何将其社会影响与我们的气候关切相权衡？一些人认为，绿色运动在20世纪70年代倡导的小型"适用"技术如今依然不失为最佳的气候解决方案，但对此生态现代主义者不能苟同。他们坚称，气候危机的严峻程度迫使我们应以新的眼光看待技术选择。核反应堆在温纳眼中是"适用"技术的典型反例，但生态现代主义者却对其追捧有加，将核能视为一种可（按需）调度的零碳电力来源，对构筑零碳电网至关重要。事实上，温纳书名中所指的加州迪亚布洛峡谷核反应堆一直是生态现代主义者活动的焦点之一。2016年6月，该核电站宣布即将关闭，包括迈克尔·谢伦伯格、电影制作人罗伯特·斯通和作家格温·克雷文斯（Gwyn Cravens）在内的生态现代主义者们加入了抗议队伍，他们封堵了绿色和平组织旧金山总部的入口以示不满（Barmann 2016）。该反应堆以近乎零碳排的方式提供了旧金山7%的电力，却在绿色和平组织的运作下关闭，生态现代主义者谴责此行为才是对生态环境的破坏。

温纳的核心论点是，"我们应该尝试建立与自由、社会正义及其他关键政治目的相兼容的技术制度"（1968，第55页）。生态现代主义者对此并无异议，但认为气候安全与能源普及才是自由与社会正义的先决条件。温纳赞成E. F. 舒马赫的主张，即"小即是美"，因为他认为小型系统和本土控制的技术最适合参与式民主。因此，他甚至拒绝达到工业规模的可再生能源，担心其无法被当地民主系统控制（1986，第32页）。与之形成反差的是，生态现代主义者探寻何种技术能大量提供零碳能源，规模之大足以使全球70亿到100亿人口享受到现代生活方式。如果我们希望将全球温室气体排放降至零，就需要"太瓦（兆兆瓦）"级别的零碳能源，在这个意义上，规模比"美"更有价值（Smalley 2005）。温纳批评自由主义和马克思主义理论都"在纯粹的物质丰裕中寻找自由，若能最快实现这种丰裕，无论什么方法（或怪物），他们都来者不拒"（1986，第58页），因而他也无疑会用同样的视角来看待生态现代主义。然而，生态现代主义与这些更早的思想不同，其动机在于缓解气候恶化的紧迫性，并谋求人类发展。事实上，生态现代主义认为，这两条动机互为条件，只能同时实现。

生态现代主义声称国家必须是生态改善的主要推手，这也与绿色理论有复杂的联系。诸如罗宾·埃克斯利等一些重要的环境学者也曾表示，由于政府"在现代多元社会中拥有最高的政治与法律权威"，其最有希望胜任生态变革推动者一角（Eckersley 2004，第12页）。然而，埃克斯利注意到，捍卫政府的推动者角色使她"逆绿色政治理论的大潮而行，这些理论对民族国家的态度即使不是深恶痛绝，也大多充满疑虑"。多数绿色理论家与活动家呼吁的是"政治身份、权威与治理的替代形式"（Eckersley 2004，第 4~5 页），恰好是政府职能的对立面。许多人认为，国家正因为具有集中、官僚、强制的特点，所以与绿色主义的参与式民主观念不相容。作为施加等级统治的机构，国家必然会支持和促成多种其他形式的统治，其中就包括以父权主宰妇女与自然（Torgeson 1999；Eckersley 2004，第 86 页）。

埃克斯利对来自绿色主义阵营的批评进行了总结回顾，作为回应，她呼吁人们采取道德结果论：

> 鉴于全球变暖等众多生态问题已颇为严重，形势紧迫，因此在寻求生态环境可持续性的过程中，若能依托于现存的国家治理结构，而非尝试超越或绕过政府，成效可能会更显著。（Eckersley 2004，第 91 页）

她指出，在现代国家制度诞生以前，暴力、专权与生态退化的问题就已经存在，我们没有理由假设未来的替代方案将不再受这些问题的困扰。她认为应对环境挑战已是燃眉之急，等不到我们设计出理想的政治（和经济）体系那一天，在这一观点上，她与生态现代主义者极为相肖。事实上，虽然支持"绿色国家"的埃克斯利在绿色政治理论家中实属异数，但绝大多数气候活动家都采取了类似的务实观点。他们呼吁征收碳税、实施屋顶太阳能上网电价补贴[8]、增加可再生能源授权、制定车辆能效标准，这些举措都旨在利用国家权力来达成环境目标。

正如我们所见，政府投资也已经推动新近的低碳技术取得进步，如风能与太阳能光伏提效、钙钛矿物太阳能电池的当前研发等（见 Lachapelle 等 2017；Mazzucato 2015；Sivaram 2018）。这是否意味着生态现代主义者在勾绘"创业型政府"蓝图时,只是在重复描述已经实施的政策呢?其实更准确的说法是,生态现代主义者认为,那些曾经成功促进可再生能源技术走向成熟的政策,如今应该立刻被推广应用到所有低碳技术领域。当前的研究目标应包括负排放技术、合成/太阳能燃料、液流电池、零碳生产工艺、人造肉与乳制品、更先进的核技术以及下一代太阳能技术等。

什么决定了国家创新率?

如果目前为止我的叙述是准确的,那么创新事业最有影响力的倡导者大概莫过于凭借新技术获利的公司,其惯用手段是攫取公共投资产出的价值。同时,社会中一部分传统行业面临瓦解,这些企业主和工人往往也抵制创新。当关于创新的某些具体争端涉及公众舆论与国家安全时,政府可能会出手解决,并可能例行支持少数能带来政治利益的部门进行创新,如农业、医疗与国防。这也再次印证,公众舆论在推动国家早期投资研究部署风能和太阳能方面曾发挥重要作用。这为我们提出了一个问题:是什么决定了政府在创新与其反对者愈加激烈的对垒中扮演的角色?我认为创业型政府可能即将迎来光明的前景,并借助马克·泰勒(Mark Taylor)在安全研究领域提出的"创新率理论"(theory of innovation rates,2012,第113~152页)来解释。

泰勒论证的第一步是认识到技术创新具有分配效应。部分蒙受损失的主体,如成熟的产业或大规模、集中的劳动力群体,仍然拥有相当大的政治影响力,如果这些既得利益者组织起一支规模庞大的有生力量,则可以成功向政府施压,使后者采取监管措施、税收和补贴等方式减缓改革的步伐。例如,德国汽车行业曾成功说服默克尔政府降低了欧盟制定的排放标准（Mazur等2015，第96页）；特朗普政府曾加征钢铁关税，打着"燃料安全"的旗号支持燃煤发电站。然而，泰勒指出，来自外部的威胁可以反向冲抵国内的政治压力，如果一国面临重大国际威胁，且治理者认为创新有助于国家的军事或经济安全，那么整个国家系统将产生驱力，推动政府抵制既得利益行业的游说。政府的这一关切并不局限于促进安全技术领域的投资。在经济领域，创新带来的利益能为政府提供多种巩固与盟友的关系及应对威胁的手段，并间接为发展军事力量提供资金。因此，除军事外，经济方面的外部威胁也可能促进国内创新。当然，这也并不是必然的，有时正如特朗普所做的那样，政府可能会采取贸易保护主义立场来应对感知到的国际威胁。尽管如此，泰勒还是认为，国际威胁在一般情况下能够使国家精英投向创新的怀抱。

  然而，国际威胁并非当权者的唯一关注点。虽然泰勒认为国家创新率是国内紧张局势（通常阻碍技术变革）与国外威胁（可能促使治理集团优先考虑创新）相平衡的结果，但另一条经验法则表明，社会越分裂，创新事业就越难开展。创新具有分配效应，可能会由此扩大社会裂痕，酝酿不满情绪，从而迫使政府限制技术变革。相比之下，在成本与收益的社会化机制更高效、更具凝聚力的社群，创新造成的政治破坏性可能较小，比如北欧国家大多实施优厚的社会福利制度，可能使全社会愿意共同承担各种创新活动带来的风险。需要再次说明的是，这些趋势也并非必然，即使某国社会呈现分裂状态，其政府也有可能从创新中受益，或者精英集团可能拥有足够大的权力，能冲破阻力实施创新，以此为自己谋取利益。

  泰勒广泛回顾以往的学术研究，指出上述理论模式可以解释日本、韩国、中国、芬兰、以色列、爱尔兰、印度等如何取得了迅速的技术进步（Taylor 2012，第 123～127 页）。再往前回溯，则还可以解释外部威胁如何倒逼日本实行明治维新，倒逼布莱切利园[9]在"二战"期间发展计算机技术及美苏进行太空竞赛等。显然，我选取的都是历史频道播出来的成功例子，如果我们系统回顾战时开展的研究工作，无疑会发现其中很多项目都无果而终，但从直观角度说紧张局势能促进创新发展还是不无道理的。当今时代，大国竞争似乎日趋激烈，因此我们希望创新环境的改善能为危机四伏的地缘政治带来一丝缓和的曙光，这大概算是一种安慰。不过，若创新以国家安全为导向，是否可能对气候问题并无实质助益？以军事安全为重心的创新可能会继续坚持既有的碳密集型经济模式，这一风险无疑是存在的。

我们也有理由希望，就算国家只是为了国家安全与国际威望增加创新技术的研发投入，气候危机也能借此得到缓解。比如，中国目前看起来正在追求"技术民族主义"的目标，即在太阳能和核能等清洁能源领域取得技术领先与出口主导地位（Kennedy 2015）。许多低碳技术也有直接的军事用途，例如在美国军方的研究中，超高效太阳能电池板和碳捕获技术均可应用在偏远地区的军事行动中，前者能够提供能源供应，后者则可以合成喷气燃料（Parry 2017）。更常见的是核聚变之类的例子，此类技术能带来重大的国家利益，处于敌对关系的国家可能会不遗余力争取捷足先登。国际竞争也有可能促使国家采取干预措施，减缓气候影响。例如，中国参与了具有慈善性质的太阳能地球工程计划（solar geoengineering programme），此举可能会提升中国的国际威望，也可能给类似这样崛起中的新势力提供建立海外空军基地的理由。*

---

* 感谢我的同事亚当·洛克耶（Adam Lockyer）提出了这一见解。

随着我们在"人类世"航行得越来越远，指望政府牵头领导低碳创新事业似乎已成了过时的方案。全球各国陷入互相竞争的体系中，这一点常被视为环境改善的根本阻碍，因此一些人坚持认为，气候行动的必要先决条件是对国际政治进行根本改革，或直接推翻资本主义。无论这种改革方式有多少隐藏的好处，它似乎不太可能在气候行动如此紧迫的时间范围内实现。大约40年前，赫得利·布尔（Hedley Bull）写道：

> 目前，人类团结的唯一政治表现就是国家间的系统性关联，如果我们要保留人类可能具有的共同利益意识，将其放大并转化为实际行动，就必须主要着眼于依托联合国和其他渠道展开的国家间合作。（1979，第120页）

正如欧盟的发展历程中不乏缓慢曲折与缩紧开支的阶段，世界政治的制度创新只会平波缓进。即使是那些坚信"世界政府（world state）终将实现"的学者，也承认更大规模的全球一体化将需要数十或数百年才有机会实现（Wendt 2003，第506页）。这对于缓解气候危机来说着实过于缓慢了。

另有人认为，与其跨越国家，向上寻求超国家机构的帮助，不如考虑让非国家行为者担当生态先锋（Ostrom 2015）。在气候政治中，非国家行为者确实发挥着越发重要的作用，在世界大部分地区，低碳技术的部署都由私营企业落实。虽然生态现代主义者强调创新由国家主导，但他们也认识到，创新成果能被推向市场，私营部门功不可没。在一些私企的创新导向中，公共利益甚至被摆到了与企业盈利相同的位置。例如，在2015年巴黎气候大会的第一天，比尔·盖茨就发起成立了"突破能源联盟"（Breakthrough

Energy Coalition）[10]，聚集了一群承诺"真正做到耐心、灵活"的投资人，既希望从中大赚一笔，也决意要推进"关键的能源转型"（Breakthrough Energy Coalition 2018）。该组织已经宣布，其早期投资将集中于电网规模的储电技术、液态燃料、非洲和印度的微型电网、建筑代用材料以及地热能源等项目。在我看来，如果气候治理要指望亿万富翁们慷慨解囊，一定说明政治与经济秩序存在严重缺陷。甚至比尔·盖茨自己也表态称，只有政府才有能力资助必要的基础研究和应用研究。突破能源联盟在官网上承诺，它的职能是"将政府实验室中的前沿科技与愿意帮助科学家引导这些创新研究从实验室走向市场的投资者联系起来"，并"与政府合作，确保政策法规为潜在的变革性构想、项目与新企业提供发展的渠道"，因此该组织至少有意将政治注意力集中在低碳创新面临的挑战上。尽管如此，有人可能会指责盖茨的联盟延续了"私企—政府"这一寄生模式，让风险投资者乘虚而入，窃取公共资助的研究所产出的利润。

突破能源联盟是与一个更重要的多边倡议同时启动的，即"创新使命"（Mission Innovation，简称MI），创意来自奥巴马总统和比尔·盖茨。加入"创新使命"的国家（最初有21个）承诺在2016年至2021年间实现国家低碳创新支出翻一番。按照目前150亿美元的研究经费支持标准来看，若要实现该承诺，政府的资金投入需要逐年稳步增至300亿美元。然而，"创新使命"似乎只是奥巴马政府强行拼凑起来的一个草台班子，无法反映真诚郑重的国际承诺。比如当我在澳大利亚宣布加入"创新使命"两周前与该国气候官员交谈时，他们似乎还对这个正在酝酿中的国际研究协议一无所知。

鉴于"创新使命"只获得了如此表面的国际支持，我曾经预计在特朗普当政期间，该倡议将很快成为一张废纸。当特朗普政府的第一份预算提案就承诺削减能源研究开支，并取消对"创新使命"的所有支持时，我的悲观情绪更加强烈了。然而，当这一切即将演变成一场特朗普式的气候政策灾难时，一件趣事发生了：国际社会介入，为奥巴马的气候倡议注入了新的活力。包括欧盟在内的新成员加入了"创新使命"，欧盟委员会和英国接管了美国先前的管理领导权，各成员国就信息共享、联合研究与能力建设、商业与投资者参与等一系列措施达成了协议，并确定了七个首要创新挑战项目——智能电网、离网地区用电、碳捕获、生物燃料、太阳能燃料、清洁能源材料以及低碳、可负担的采暖与制冷。同时，特朗普政府削减研究支出的预算提案被共和党主导的国会否决，大多数创新预算得以保留。美国虽不再担任领导者，但仍继续参加"创新使命"会议。

我不想过分夸大"创新使命"的成功。在我撰写本章时，2020年已经过半，而各成员国的创新预算或是缓慢提升了，或是略有下降。然而，"创新使命"自称各国预算累计增加了20亿美元，且若干创新挑战（如智能电网与材料研究）似乎已经出现了实质性进展。鉴于国际能源署自1975年成立以来就一直在推进与"创新使命"相同的国际合作模式，并正监管着39个技术合作计划（TCP），我们并不清楚"创新使命"能如何另辟蹊径，对国际研发治理做出何种新的贡献（Yan等2018，第10~11页；IEA 2013）。媒体对"创新使命"也只有零星的报道，这表明该协议的公众参与度几乎为零。随着2021年临近，当初设定的低碳研发支出目标无法达成，"创新使命"很可能就此淡出人们的视野。但至少当前它还在艰难寸进，定期召开部长级会议，要求成员递呈国家报告，仍在继续推动政府为低碳创新提供支持[11]。

"创新使命"得以存续，表明精英群体正逐步认识到国家投资对于气候相关创新具有重要价值。仅靠精英群体意识提升并不能确保创新议程的成功。但正如阿克林和乌尔佩莱宁对可再生能源的研究所表明的那样，当公众舆论与精英态度在恰当的时间节点达成一致时，研发计划就能适逢其会，顺利浮现。国家预算在任何时候都很紧张，政府要兼顾诸多要务，如果各方不能组成一个强大联盟，为之宣传背书，低碳创新将依旧被摆在非常次要的地位；一旦气候活动家将其上升为一个关键的政治诉求，我们完全有理由相信，柳暗花明的一刻即将到来。

本章小结

当阿尔·戈尔和纳奥米·克莱因等气候活动家宣称"我们已经掌握所需技术"时，我怀疑他们是出于好意，想释放积极信号来激励政治行动。就像生态现代主义者承诺打造"伟大的人类世"一样，在这些活动家的预想中，只有"正能量"才能激发行动。也许他们还认为，在担心去碳化困难的部门之前，我们应该先将已经掌握的低碳技术部署下去。遗憾的是，结果让人失望。温室气体排放量稳步增加，研发预算停滞不前。尽管"创新使命"将每年低碳研发支出翻倍至300亿美元的目标在政治上野心不小，但在事实上却远远不够。经济分析表明，如果我们希望将全球变暖限制在工业化前水平之上2℃以下，就需要更大规模的投资，即每年1000亿美元左右，以支持在经济上行之有效的减排方案（Garnaut 2008，第219~223页）。

生态现代主义理念中的政府主导零碳发展主义与主流经济思想不合拍，也与激进绿色主义格格不入。然而，在20世纪的大部分时间里，国家主导的发展主义才是常态。欧洲的社会民主国家、在 20 世纪六七十年代推进"第三世界方案"的新兴非殖民化国家，以及近年来的东亚国家都接受了这一发展主义模式。然而，自 20 世纪 70 年代以来，国家靠后站则成了主流经济思想的圭臬。同时，绿党中的部分左派人士对新自由主义纲领最为拒斥，但即便是他们也没能斩钉截铁地支持政府参与低碳创新。他们的许多担忧都很有道理，但鉴于技术变革的速度将影响全球气候行动目标的实现，我认为气候运动首先应该扛起低碳创新这面大旗，而且我们有理由相信这一战略能够奏效。

1 海洋守护者协会（Sea Shepherd Conservation Society）成立于 1977 年，是美国的一个非营利组织，驻扎于美国华盛顿州的星期五港（Friday Harbor）和澳大利亚墨尔本。他们参与保护海洋野生生物（如海豹、海豚、鲸等）的常规抗议和包括物理妨碍捕鲸作业在内的直接行动。"太平洋气候勇士"（Pacific Climate Warriors）是一项来自太平洋岛屿国家的非政府气候运动，致力于推动减少污染和温室气体排放。
2 比约恩·隆伯格（1965 年 1 月 6 日—），丹麦人，曾担任哥本哈根的环境评估协会会长，哥本哈根商学院客席教授，著有《持疑的环保论者》。
3 外部性（externality）是环境经济学很关注的一个概念，指另一方（或多方）活动的影响给不相关的第三方带来间接成本（如环境污染）或利益（如养蜂人的蜜蜂活动也能令果农受益），也叫外部成本、外部效应或溢出效应。
4 寻租（rent-seeking）又称竞租，指为垄断社会资源、维持垄断地位、谋求垄断利润所从事的一种非生产性的寻利活动。

5 轻水反应堆（light water reactor）是指使用水作为冷却剂及中子减速剂的核反应堆，是目前世界上核反应堆的主要类型。与重水反应堆（用重水作为中子减速剂）相比，轻水反应堆成本较低，减速效率较高。

6 "可再生能源锁定"（renewable energy lock-in）和"化石燃料锁定"（fossil-fuel lock-in）的说法可能发展自"碳锁定"（carbon lock-in）。"碳锁定"指的是依赖化石燃料并从中受益的能源系统所产生的自我延续的惯性，制度与技术相互依存，形成锁定效应，阻碍公共和私营部门引进替代能源技术的努力。"化石燃料锁定"与"碳锁定"的意思相似，而"可再生能源锁定"指的应是可再生能源技术与德国、丹麦两国能源制度紧密依存而达成的稳态效应。

7 优步（Uber）是一家美国科技公司，文中指该公司旗下的同名打车应用程序。任务兔（TaskRabbit）是一个将自由职业者与当地需求相匹配的在线零工平台，业务范围主要包括个人协助、家具组装、搬家、送货和杂工等。

8 上网电价补贴（fit-in tarrif），也称强制性上网电价补贴、可再生能源回购电价等，指的是政府与使用可再生能源发电的个人或公司签订合约，其间发电者每向公共电网输送一度电，除了获得原本的电价，还可以赚取若干补贴，确保使用可再生能源发电者的投资能够获得稳定收益，以加速推动可再生能源的广泛应用。文中的屋顶太阳能上网电价补贴属于其中的一种形式。

9 布莱切利园（Bletchley Park），又称 X 电台（Station X），是一座位于英格兰米尔顿凯恩斯布莱切利镇的宅邸，"二战"期间曾是英国政府进行密码破译的主要场所，著名数学家、"计算科学与人工智能之父"阿兰·图灵就曾工作于此，协助军方破解了轴心国的密码系统。如今这里是一所向公众开放的博物馆。

10 该联盟现名 Breakthrough Energy（突破能源），官网为 www.breakthroughenergy.org，其目标是到 2050 年实现温室气体零排放。——编者注

11 2021年5月31日，第六届"创新使命"部长级会议上，各成员国发表了启动"创新使命2.0"的联合声明，以加速实施《巴黎协定》为愿景，推动能源转型全球技术创新与合作。详情可参考www.mission-innovation.net。——编者注

第 5 章
气候危害下的人类繁荣

2003 年 2 月，全球有数千万人走上街头游行示威，反对入侵伊拉克。在我的家乡澳大利亚墨尔本，我也身处 20 万游行者之中，谴责新殖民主义入侵者干涉别国内政。这些入侵者许下了"摧毁恐怖政权"、废除"酷刑室与蹂躏妇女的场所"、"建立繁荣自由的新伊拉克"（Bush 2003）等"高尚"的承诺，但抗议示威者并未因此而动摇。相较于前几章，本章将触及与生态现代主义相关的一个更具争议性的观点，即正如入侵伊拉克的"人道主义卫士"不无借机谋利之举，西方绿党提出的一些论点可能也掺杂了出于私利的考量。在这一章中，我将提出"绿色条件"（Green conditionality）的概念，即通过在援助、金融与贸易方面设定条件来影响其他国家的环境政策。我们习惯于尊重主权国家的自决权，对借人道主义之名，行追逐私利之实的行为怀有疑虑，正是这些习惯曾使我们加入反战示威的队伍；在本章，我想探讨这些昔日的习惯如何能应用于"绿色条件"。

这些问题可谓千头万绪。"国际团结"与"新殖民主义影响"之间的区别就好比"自由斗士"相对于"恐怖分子"，常常仁者见仁，智者见智。当世界银行宣布禁止向发展中国家的石油天然气开发提供资金时（Kim 2017），当欧盟为抵制转基因食品而向其贸易伙伴施压时，或当关联于绿色和平组织（Greenpeace）的活动家在菲律宾摧毁转基因试验作物时，生态现代主义者看到的是诸般形式的"绿色条件"与新殖民主义影响。无独有偶，对于绿党来说，盖茨基金会的作物研究、美国分发转基因食品作为援助粮的行为、生态现代主义倡导的城市化与高密度城市也都是他们口诛笔伐的对象（Monbiot 2015）。

关于"绿色条件"的争论十分复杂，因为气候变化正以新的方式联结世界各地的社群。首先，气候赔偿完全合乎道义，因为富裕群体排放的温室气体已经给全球最贫困的群体带来了损害。《巴黎协定》承诺每年为适应和减缓气候变化提供1000亿美元的援助，这反映出参与国认识到了自己可能欠下的"气候债务"。然而，国际援助的落实进度参差不齐，其中大部分都未兑现，而即使兑现了，也往往无法落到社会最弱势群体的手上。一个问题由此诞生：要应对与气候相关的不公平现象，何种形式的国际参与才能产生最佳的效果？

如今，发展路径的选择会给全球气候带来影响，这构成了对我们的另一挑战。许多人据此认为，富裕国家与国际组织借助自身力量促使世界各国采取低碳的发展道路，此举似无不妥。一些人针对第三世界国民的发展道路提出疑问：他们是否应被赋予追求与第一世界相一致的发展模式的权利，还是从化石能源开始？（Klein

2015，第417页）虽然我认为西方不应自恃力强，剥夺较贫穷国家的自决权，但我也并不否认上述问题的复杂性。

为了研究生态现代主义如何能更好地解决与气候变化相关的不公平问题，在本章和下一章中，我将回到我先前的一个观点，即生态现代主义本质上是一种社会民主哲学，并着手拼合出一幅清晰的社会民主图景，以应对全球挑战。在此，我遵循了谢里·伯曼的建议，即任何社会民主主义的回应都必须：（1）强调"坚信政治的首要地位，承诺使用民主赋予的权力引导经济力量，为集体利益服务"；（2）通过监督与控制市场，"在新自由主义的'恋全球化癖'和当前许多左派的'恐全球化症'之间平衡周旋"；（3）重新发掘社群主义的价值（2006，第211~212页）。迄今为止，生态现代主义者倾向于通过抵制"绿色条件"与支持发展中国家治理自决来应对气候不公的困局，他们相信国家主导的发展可以消除贫困，增强气候变化应对能力，并寻求最大限度地拓展各民族国家自主决策的空间。我对此深以为然，并试图说明富裕和贫穷国家看待风险的方式大相径庭这一事实如何使得"绿色条件"的弊害格外深重。然而，尊重政策多元、抵制"绿色条件"固然重要，却仍不足以构成对气候灾害的有效回应。社会民主性质的气候对策必须既捍卫政治在国内的首要地位，又同时促进社会民主事业的国际发展。

本章将以回顾"第三世界方案"（the Third World Project）领导的"国际经济新秩序"（New International Economic Order）运动开篇，因为我相信，这一旨在通过"全球一体化发展"实现人类普遍繁荣的早期尝试为生态现代主义提供了殷鉴（Bedjaoui 1979，第24页）。尽管"第三世界方案"与生态现代主义起源迥异，但二者不乏相类之处：都秉持发展主义，也都批判不公正的国际秩序、自由市场经济及绿色马尔萨斯主义。"第三世界联盟"遭遇了当然的失败，改革派学者倾向于将其部分归咎于西方施加的政治干预与经济条件。我认为，这个故事在今天仍具现实意义。虽然人们围绕国际影响这一话题吵得唇枪舌剑，但我们可以采取"第三世界联盟"再三申述的立场——国际干预和限制条件在本质上有违公正——来透视这些复杂的争论。与之相反，"每个社群"最好都能"找到自己的解决方案"（Strong 1971，s3.1）。这一原则将随着全球变暖而愈加重要，因为富人很难通过穷人的视角来评估风险。

本章第二部分将继续应用上述原则解析当代关于能源与农业的论辩。最后，我将提出"全球社会民主主义"的概念，将其荐为与生态现代主义者常用的"创新"、"强化"和"脱钩"类似的指导性隐喻[1]。如果生态现代主义者明确倡导全球社会民主，普及国家基础服务，并确保地球系统处于民主治理之下，那么他们勾勒的愿景在某种程度上将会展露出乌托邦的特质，并吸引激进的改革派人士。然而，这种激进主义同样会带来新的挑战，最重要的是如何培育各种形式的政治认同，为这些宏愿提供实现的基础。无可否认，让全球都走上社会民主主义道路似乎前景渺茫，但在这个气候危机不断加重的时代，除非全球各国都放手大胆投资人类发展事业，以此冲抵自由放任经济政策带来的被动性，生态现代主义对"人类普遍繁荣"的祈愿将大概率无从实现。

"第三世界主义"与"国际经济新秩序"

历史学家维杰·普拉沙德（Vijay Prashad）的《深色国度：第三世界人民的历史》（*The Darker Nations: A People's History of the Third World*）一书开篇就解释称：

> 第三世界并不是一个地理概念，而是一则方案。在似乎永无休止的反殖民主义斗争中，亚非拉人民梦想着创造一个新世界。他们无比渴望尊严，但也亟须获得基本的生活必需品。（2008，第1页）

我之所以对"第三世界方案"萌生兴趣，是因为它是历史上通过倡导全球平等发展来与"增长极限"一说展开交锋的最重要的政治运动。生态现代主义不仅要追认其为先驱，而且必得通过借鉴其人类平等发展的理想目标，才有可能在国际社会赢得牢固的支持基础。

"第三世界"这一称谓可能是人口学家阿尔弗雷德·索维（Alfred Suavy）在1952年首创的，他提出，进步的第三等级（*tiers état*）为法国大革命做出了重要贡献，新诞生的非殖民化国家未来也可能在国际社会扮演类似的角色（Bedjaoui 1979，第25页）。1955年，29个亚非国家政府代表及非殖民化运动代表在印度尼西亚的万隆市举行会议，通过了一项政治战略与构想，以反映亚非前殖民地国家人民的共同愿望。根据普拉沙德（2007）的描述，万隆会议商定了"第三世界方案"，其中包括三个原则：和平（包括核裁军）、面包（要求建立新的国际经济秩序）和正义（包括社会普遍发展，消除国际政治中的种族主义及等级制度）。

所谓的"国际经济新秩序"（NIEO）是以一系列提案的形式出现的，虽不是单一连贯的计划，但明确将重点放在了摆脱前殖民地国家的对外经济依赖上，尤其强调通过改善贸易条件来实现这一点。这项运动在1974年达到了顶峰，是年联合国大会通过了一项题为《国际经济新秩序建立宣言》的公告，其宣称的目标是转变全球经济治理方式，将国际一体化的效益更多地导向"发展中国家"，并要求这个新秩序"建立在公正、主权平等、相互依存、共同利益与合作的基础上……将纠正现存的不平等和不公正现象"（UN General Assembly 1974）。

"国际经济新秩序"反映出的无疑是一项激进经济议程，而这恰是生态现代主义所普遍缺乏的（Prebisch 1962）。例如，"国际经济新秩序"的行动纲领中包括向殖民国家追索赔款、稳定原材料价格、取消发展中国家出口关税、稳定汇率、制定跨国公司的行为准则、为经济援助制定具体目标等。但就基本目标而言，生态现代主义与"国际经济新秩序"是一致的，即在全球范围内普及现代性。我们可能会惊讶地发现，短短几十年前，世界上多数国家曾提出过如此激进的要求，但事实上，在1973年欧佩克实行石油禁运，以及布雷顿森林体系的固定汇率制度（1968—1973年间实行）瓦解之后的某一时刻，第三世界是有可能齐心协力重塑全球经济格局的（Gilman 2015，第3页）。如今，要实现"气候正义"或"人类的普遍繁荣"，就必然需要取法于"国际经济新秩序"，实行某种激进的经济再分配，这一道理显而易见。尽管联合国发布的"2030年可持续发展目标"等倡议表明了人道意图，但更激进的议程却仍遥不可及。

"第三世界方案"强调的平等包含政治与物质两个维度，因此从总体来看，该计划毫不掩饰其对人类的普遍发展抱有物质主义的意愿。例如，阿尔及利亚法学家穆罕默德·贝贾维（Mohammed Bedjaoui）曾参与提议"国际经济新秩序"，描述这一秩序是应用"全球视角下的积累理论，通过作为全球综合协调发展的一部分而建立的国际互惠关系……来运作的"（Bedjaoui 1979，第24页，着重部分由笔者标明）。更晚近的后殖民理论家倾向于批判这种工业化与现代性的概念，认为它们隐含着"通过剥削进行积累"的持续进程（Harvey 2003）。然而，虽然一部分与"国际经济新秩序"有联系的人试图保卫农民的生活方式，反对城市化，但大多数人认为，经济发展与工业化才是反殖民议程的核心。例如，在1975年，瑞典1000万人消耗的电力比印度6亿人还多，贝贾维谴责这种不平等，并指出"为达到与瑞典相同的电力生产与消费水平，印度政府必须建造10000座容量为500兆瓦的核电站才行"（1979，第27页）。诚然，此后出口导向型的工业化模式改变了东亚大部分地区，在国内造成了新的不平等，并经常伴有镇压工人运动及驱逐传统土地所有者的情况发生，但许多发展中国家的经济实力却因此大幅增长，现在正从内部重整资本主义世界秩序（Golub 2013），取得的成就包括贫困水平的下降、国际南南贸易与投资流动性的巩固，以及亚太地区作为世界经济重心的重新崛起（Golub 2013）。讽刺的是，尽管"第三世界方案"仍未能兑现其平等主义承诺，但终结西方统治这一愿望可能已经得到了实现。

尽管"国际经济新秩序"的拥护者对环境问题也殊为关注，但他们普遍对20世纪60年代采取马尔萨斯主义人口政策的环境运动感到愤怒。此时前殖民地国家刚刚赢得独立，要求自主掌控本国自然资源的开采权，而西方环保主义者却坚称要"对发展加以控制"。为缓和日益紧张的南北关系，在1972年斯德哥尔摩人类环境会议前，联合国委托编写了一份总结第三世界观点的报告，即《富内报告》（the Founex Report）。这份报告一开篇就强调了"发展目标的紧迫性"，并指出"在人类环境问题引发担忧之际，发展中国家正在越来越殚精竭虑地谋求发展"（Strong 1971，s1.4）。报告中坦陈，发展中国家需要避免西方在工业化进程中曾犯过的"错误"或经历的"畸变"，但其同时也指出，"发展中国家的主要环境问题……反映出其社会的贫困与极度欠发展"，以至于"人的生命本身已经因水源污染、住房条件差、卫生恶劣、营养不良、体质羸弱、疾病和自然灾害频发而受到威胁"。这些问题,而非工业污染,才是"更广大的人类群众"所面临的主要挑战(Strong 1971,s1.4)。

《富内报告》既捍卫了发展中国家的主权,也提出了一种反思性、平等主义的发展模式。鉴于就业疲软与收入不平等的风险依旧存在,经济迅速增长虽被认为是"必要和重要的",但并不足以"保证缓解社会与人类的迫切问题"。报告中虽然强调,现代农业及"化学肥料、杀虫剂、高产品种的种子、灌溉工程与一定程度的机械化"具有重要价值,但也承认了这些技术进步产生了"副作用",在"扩大农业生产"的过程中必须"有计划地加以使用"(Strong 1971,s 2.12)。城市化进程加快是必然趋势,因为"在农村地区,受过教育的年轻人可能找不到吸引他们的现代社会、文化与经济活动",所以任一规划过程都应该将促进农村发展、引导农村转型考虑在内。例如,《富内报告》建议,发展中国家的城市一般应配合公共交通来建设,而非私家车。最重要的是,第三世界强调国家自决的必要性,"每个国家都必须根据自身的问题,在自己独有的政治、社会与文化价值框架内寻找解决方案"(Strong 1971,s3.1)。

然而,这一自决原则并未得到尊重。普拉沙德梳理了"第三世界方案"消亡的始末——这是一个引人警醒的话题,他描述了第三世界国家曾落入的"陷阱",包括独裁主义、腐败、失当的经济政策、军国主义、上层的掠夺、军事政变、中国融入全球资本主义,以及诸如石油生产者与消费者之间的内部分裂等,这些均是国际公认的明显事实。然而,普拉沙德的首要论点在于"第三世界方案"是被"暗杀"的。以美国为首的西方国家从该方案诞生伊始就致力于造成其夭亡,为此采取了一系列手段,比如通过干涉他国内政,扶植与美国结盟的政府上台。压死第三世界主义的最后一根稻草是80年代初的债务危机,以及国际金融机构随后实施的激进的自由市场经济政策。正如普拉沙德观察到的，自由化过程解放了国家上层精英，使其有机会推行狭隘自利性质的经济项目，并为文化民族主义、原教旨主义宗教与其他思想倒退现象的出现创造了空间（2008，第 xviii 页）。

附加条件

在 2007 年出版的《休克原理》（*The Shock Doctrine*）一书中，纳奥米·克莱因对西方主导的国际组织如何向发展中国家施加"条件"提出了尖锐批评。她的矛头对准了芝加哥学派经济学家米尔顿·弗里德曼（Milton Friedman），后者认为只有当"现状的暴政"被危机猝然打破时，激进的经济自由化才有可能实现。弗里德曼的首次政治成功是在担任智利独裁者奥古斯托·皮诺切特（Augusto Pinochet）的经济顾问时取得的，克莱因在书中描绘了皮诺切特在 1973 年通过政变上台后的几个月里，如何在弗里德曼的指导下实施了包括削减社会福利、私有化（甚至包括学校）、减税和自由贸易等措施在内的激进经济计划，并通过残暴的酷刑与镇压肃清异己。

有了皮诺切特的成功基础，弗里德曼的下一个挑战是如何在智利之外实现类似的经济革命。芝加哥学派的经济学家很快在国际货币基金组织（IMF）和世界银行找到了完美的影响代理人[2]。尽管国际货币基金组织成立的目的是维护国际金融与货币稳定，但在芝加哥学派激进的新经济学说影响下，它背离了自己的初衷。从 20 世纪 80 年代开始，国际货币基金组织为援助计划添加了条件，受援国必须实施一系列激进的自由主义市场化改革，内容包括私有化，向贸易与外国投资开放经济，制定财政纪律，大幅削减社会支持项目等。该方案被称为"华盛顿共识"(the Washington Consensus)。克莱因写道,这些政策常常以"第二次殖民掠夺"见称于世,"在第一次掠夺中,财富被从土地上掠走,而在第二次掠夺中,财富被从国家手里抢走"(2007,第 245 页)。

对财政或国际援助附加条件并非芝加哥学派的经济学家首创,最著名的先例莫过于马歇尔计划,美国在向战后重建中的欧洲国家施以援手时,要求与受援国之间货币自由兑换,进行自由贸易。然而,国际货币基金组织实施的经济政策变得越来越激进。在"华盛顿共识"指导下,受援国无论经济发展水平如何,均被要求开放资本市场,削弱政府的经济职能。马来西亚等部分国家试图规避国际货币基金组织的政策规定,以延续其发展型国家的政策模式[3](Lai 2012),但印度尼西亚等国则采用了国际货币基金组织的政策处方,剥夺了国民的社会保障,因此破坏性的骚乱不断发生,政局动荡不安。这些政策带来的经济影响也是好坏参半,在部分地区,即使自由主义改革带来了经济进步,但更剧烈的社会失衡也接踵而至,且由于国家减少了在卫生、教育、收入支持等方面的支出,穷人的生活越发艰难。总之,附加条件让国际货币基金组织的声誉一落千丈。

现在,对结构性调整与"华盛顿共识"的批评已屡见不鲜,甚至国际货币基金组织自己也承认了错误(Stiglitz 2002)。但问题究竟出在"华盛顿共识"的具体细节上,还是"限制条件"这一笼统的理念上?相比于被国际组织利用,要求受援国削减卫生、教育与社会保障预算,附加条件若被用在促进民主治理、性别平等或环境标准提高等场合,好像在直觉上更叫人安心。但我们又如何区分好意的和有害的条件呢?虽然每个人似乎都同意国际货币基金组织的政策是有缺陷的,但至于附加条件在哪些情况下合理,人们却莫衷一是。政治学家露丝·格兰特（Ruth Grant）在其关于激励机制伦理学的著作《附加条件》（*Strings Attached*）中提出，国际货币基金组织附加条件的根本问题在于它利用发展中国家的弱点，将本应由国内政治进程决定的政策从外部强加于人。格兰特称，只有通过了程序性（条件应被自愿、民主地接受）和实质性（条件必须有利于受援国）两道标准的检验，条件限制才是正当的（2011，第110~111页）。我认为，对于我们目前赞成的各种形式的附加条件，政治进步人士或许也应当以上述标准测验一番。

以人口政策为例。在国际货币基金组织实施"结构调整方案"的同一时期，世界银行发放贷款时也经常以强制性的人口政策作为条件，瑞典和美国对外提供援助时也采取了相同的路数。在20世纪七八十年代，数以千万计的第三世界人民因此类计划被人工绝育，且往往并非出于自愿。奇怪的是，这些形式的条件很少引发持续的学术批评。可以肯定的是，许多强制性人口政策的推动者认为，这些政策是避免饥荒的必要措施，"华盛顿共识"政策的众多倡导者也认为，他们创立的经济模式为提升经济实绩、增进人类福祉提供了一条行之有效的道路。包括控制发展中国家人口在内的优生学政策总是折射出功利主义、殖民主义及种族主义逻辑的怪异混合，但在20世纪70年代，人们以新的生态视角批判人口过剩时，似乎假托了一种后种族逻辑（即种族歧视与不公不复存在）来美化上述这些不太光彩的动因。例如，保罗·埃利希所提倡的绝育目标正是基于马尔萨斯对食物供应限度与即将到来的饥饿时代的分析而提出的（见Hardin 1968、1974和Cullather 2014）。在1968年出版的《人口炸弹》（*The Population Bomb*）一书中，埃利希表示自己对强制性人口政策抱有坚定决心：

> 当他（即 S. 钱德拉塞卡博士）建议对所有已育有三个或三个以上孩子的印度男性实施绝育时，我们（即美国政府）本应对印度政府施加压力，帮助该计划顺利实施。我们本应提供直升机、车辆和手术器械等后勤支援，并派医生到印度建立培训中心，教医务辅助人员做输精管切除术。这是胁迫吗？或许是，但这是出于好意的胁迫。有些美国人对政府坚持将人口控制作为粮食援助的代价感到惊恐，这些人的态度才令我震惊。

强制性的人口控制政策在其目标国极少获得支持。1974 年，联合国世界人口大会在布加勒斯特举办；会上，第三世界联盟对西方国家的优生论发动了有力的攻击，认为人口过剩是殖民国家剥削掠夺及故意限制殖民地发展的产物（Hartmann 1997）。他们颠覆了马尔萨斯的逻辑，主张第三世界"正是因为欠发达才人口众多，而不是因为人口众多才欠发达"（Bedjaoui 1979）。根据普拉沙德的说法，第三世界的思想家认为埃利希《人口炸弹》一书之所以"在第一世界备受赞誉，是因为书中的新马尔萨斯主义思想已经深入人心，即世界上出现饥饿，人口过剩比帝国主义应负更大责任"（2008，第 8 页）。

尽管第三世界的大多数思想家都倾向于认为，人类的普遍发展将带我们走上一条环保之路，而不是反过来沿着环保之路走下去就能实现普遍发展，但仍有部分发展中国家的精英被人口过剩的风险所说服，并接受了计划生育、避孕药具推广、堕胎与绝育等政策。1978 年，中国的导弹科学家宋健在赫尔辛基参加会议时闻知了罗马俱乐部关于人口增长极限的报告[4]，随即组建了研究小组，为中国政府准备了一份类似的报告。他发现，随着出生率提升，中国人口可能在 2080 年达到 40 亿之多。到 1980 年，宋健的工作促使中国政府实施了独生子女政策（Mann 2018，第 6 章）。

不同的强制性人口政策存在着重要的伦理区别，以上文提到的中国和印度为例，前者是在国家政治进程中主动采纳的，而后者是他国从外部强加的。*西方国家推广干预性的人口政策，背后的许多用意是值得赞赏的，比如计划生育措施可以扩大人们的性自由和生育权，实现社会与环境效益。然而，利用援助条件来推动非自愿绝育等强制性政策，很容易被理解为一种新殖民主义的结构性暴力。我们会发现，西方的绿色左派大都支持这些政策（Ehrlich 1968），这敦促我们暂停脚步，思索一下当前的改革议程是否也可能带来类似的危害。在下一节中，我将聚焦于分别围绕能源与遗传技术的两场辩论，其中生态现代主义者认为西方重施故技，凭借自身力量限制发展中国家的选择。虽然我认为这两场辩论都基于非常复杂的现实背景，但我赞同格兰特的观点，即任何行为主体利用权力差异来强加特定政策都是不合法的。一个强大的局外人无论如何发自善意，都不可能理解具体的政策对某地自身的意义与影响，也无法对风险做出有效的评估。在这方面，对限制条件保持警惕不失为一条实用之策。

当代的附加条件——生物技术与能源

本节将回顾两场当代辩论，一是关于生物技术在农业中的应用，二是关于能源基础设施的建设。正是在这两场辩论中，一些生态现代主义者声称"绿色条件"正在侵犯第三世界社会的自决权。生物技术与气候变化的相关性还不明朗，但可以肯定的是，随着气

---

* 虽然中国的独生子女政策也得到了国际社会的支持——包括通过联合国人口活动基金（当时的名称）提供的大量日本资助，但该政策主要是由中国政府自主提出的。

候变暖，许多地区将不再适宜农业生产，要加强粮食安全可能需要科学家研发出抗热、抗旱、抗虫害能力更强的作物品种。生态现代主义者指出，先进的农业技术可能有助于提高作物产量，更高产的耕作技术则可能有助于我们退耕，将更多土地还归自然。虽然截至目前，转基因技术的增产效果并不尽如人意，但随着CRISPR等生物技术取得进展，基因编辑的成本正在迅速降低，精准度也在得到提升，为开发和广泛种植各种改良作物提供了可能。能源方面的争论稍有不同。目前，风能、太阳能和微电网项目接收的国际援助正快速增长，但煤炭和水电等许多其他能源部门的资金却越来越有限。生态现代主义者乐于见到可再生能源日益普及，但同时倾向于认为，富裕国家自身继续依赖可调度能源，却剥夺了第三世界国家的使用权，这未免有违公正。

转基因食品

当代关于转基因食品的争论中充斥着来自各方的道德言论。在反转基因运动者看来，转基因种子的问世使农业逐步被企业化，让自给自足的小农陷入贫困，降低了生物多样性，破坏了环境，颠覆了农业耕作传统，并为大型跨国公司提供了敛财致富的渠道。虽然由企业主导的农业模式引发的担忧值得重视，但一些批评转基因的绿色人士却同时宣扬一些完全不科学的说法，比如转基因会带来健康风险，转基因种子中携有"绝育基因"，从而使农民无法自行保存种子并再度种植。这些无稽之谈正如气候变化否定论，并无任何科学上的可信度。目前已完成商业化的转基因作物均是安全的，可以放心消费，这已经是成熟的科学共识（DeFrancesco 2013），且农业领域并未使用过任何"绝育基因"。唯一担得起此名的可能是牛津昆虫技术公司（Oxford Insect Technologies，简称 Oxitec）进行的"自限性基因技术"实验，其目的是控制传播寨卡病毒的蚊子（Carvalho 等 2015）。

反转基因阵营的论点是建立在安全、传统与社群理念上的，除去那些科学谣言，也能说得通。比如，绿色和平组织在其官网上如是描述其发起的食品运动：

> 我们基于"生态农业"理念，支持全球范围内的食品运动。在生态农业模式下，大部分食物无公害，农民和消费者共同抵制有毒农药、化肥和转基因种子。未来，各行各业的人将携手打造一个对家庭、农民和我们的星球最有利的农业系统（Greenpeace International 2015）。

这段话在人们脑海中勾勒出一幅各社群联合起来，抵制企业支配农业的图景。即使不误导性地暗示转基因食品与化学品使用的增加有必然联系，这一图景也已经足够有说服力。

但在转基因食品的支持者口中，生物技术则从健康之敌变成了增进农业可持续性的利器。转基因作物通常可以减少杀虫剂的使用，提高产量，对解决贫困和营养不良有着不可估量的作用。从这种观点来看，贫穷国家是在出于好意但被误导了的西方干预之下，被剥夺了转基因技术能带来的潜在利益。绿色运动成员已经成功说服欧盟拒绝生物技术（此处指转基因食品），这给全球带来了悲剧性的后果。欧洲人已经生活富裕，营养良好，有财力规避想象中的健康风险。但在随后展开的国际反生物技术运动中，欧洲国家与西方非政府组织却找上了亚非小规模农户的麻烦，使后者无法从种植抗病作物中受益。

在《科学的种子》(Seeds of Science 2018)一书中,马克·莱纳斯(Mark Lynas)解释了他自己如何从反转基因活动家转变为支持基因技术的生态现代主义者。这本书开篇讲了这样一个故事:莱纳斯与一群反转基因活动家一起摧毁了"英格兰东部某地"的一片转基因玉米试验田,其间险些被捕。随后,书中讲述了莱纳斯在坦桑尼亚和乌干达的旅行,他先与一些当地农民交谈,这些农民种植的木薯和香蕉都在遭受病害,而后他又与一些科学家聊了聊,这些科学家服务于公共组织或慈善机构,而非"农企巨头",他们开发了适应力更强的新品种种子,却被禁止公开发售。莱纳斯描述称,他看到抗病品种的作物在安全栅栏和生物危险标志后面茁壮成长,而就在不远处,旧品种作物染病歉收,农民正为此忍饥挨饿。他据此还原出了一个在道德上令人信服的故事,即尽管转基因作物可以提升人民营养水平、加强粮食安全,欧洲资助的非政府组织仍然劝服了包括坦、乌在内的多国政府予以封杀。在一次会议上,莱纳斯目睹了非政府组织活动家告诉农民,食用过转基因农产品的孩子会变成同性恋(Lynas 2018,第140页)。后来他还发现,英国慈善机构"援助行动"(ActionAid)在乌干达的电台投放广告,散播关于基因技术的科学谣言,于是莱纳斯将此事公之于众。英国媒体对此事进行了报道,"援助行动"总部也发表了公开道歉声明,但此类具有科学误导性的生态行动仍未偃旗息鼓(Lynas 2018,第144页)。

莱纳斯指出,基因技术目前正由大型企业主导,而非出于公共利益的研究项目。孟山都公司(Monsanto)[5]推向市场的第一款转基因作物并非抗病虫害的种子,而是"抗农达"(Roundup Ready)大豆,莱纳斯推测,这一做法可能给生物基因技术抹上了最为严重的污点(Lynas 2018,第98~99页)。大多数转基因作物都会减少对化学杀虫剂（有时还有化学肥料）的需求，从而促进农业向低化学密集型方向发展。然而，孟山都公司的"抗农达"种子在一定程度上是个例外，此类作物的抗性针对的是广谱除草剂"草甘膦"，而草甘膦正是先前孟山都公司独家销售的"农达"牌除草剂，该公司借此在农民使用的种子与选择的除草剂之间建立起了必要的商业关联。基因技术的捍卫者指出，即使是"农达"这一最受抨击的化学品，实际也带来了环境效益，例如它能帮助农民实现"免耕"，降低温室气体排放量，并增加土壤中保留的碳含量（Brookes 等 2017）。但不可否认的是，"抗农达"作物要求农民只能使用特定一种广谱除草剂，让孟山都公司垄断式盈利，最透彻地暴露出了转基因技术的弊端。

自从革命性的基因编辑技术 CRISPR 得以发展，开发新品种种子的成本已经骤降。莱纳斯认为，虽然目前主导生物技术领域的是追逐私利的大型公司，而非出于公利的创新事业，但这种情况很容易扭转过来。讽刺的是，农业综合企业能长期把持生物技术领域，要直接"归功于"被环保运动扭曲的监管环境。任何新品种作物在落户农田之前，都必须克服巨大的监管障碍与严格的法律挑战，以至于非营利性的新品种通常都被拒之门外，只有规模大、实力强的企业才能获得某些必要资源，将新作物推向市场。在某些情况下，公共领域诞生了很有前景的创新成果，但由于背后没有大企业支持，无法逾越绿色人士的重重设限，最终也未能踏上商业化之路。

在这场关于生物技术的论战中，真相究竟是什么？转基因食品究竟使发展中国家的农民获利还是受损？现有的几代转基因作物就像孕育了它们的商业模式一样，还很不完美，但即使从这些有缺陷的作物身上，我们也能看到生物技术的潜在好处。比如，将 147 项对转基因技术影响的不同研究进行荟萃分析[6]，会得出以下结论：

> 平均来看，采用转基因技术后，化学杀虫剂的使用减少了37%，作物产量增加了22%，农民利润增加了68%。就增产量与农药减用量而言，抗虫害作物高于耐除草剂作物；就产量和收益而言，发展中国家要高于发达国家（Klümper 和 Qaim 2014）。

这段总结至少可以清楚地表明，转基因作物使农业生产中化学品使用的密集程度有所下降，对于发展中国家的农民来说，具有潜在的价值。遗憾的是，许多反转基因人士抗拒此方面的学术研究，其原因与气候变化否认者抗拒气候研究如出一辙——他们认为科学研究已经被既得利益者腐蚀了。

农民迅速开始种植被批准上市的转基因作物，速度之快似乎印证了上述研究中关于发展中国家农民可从中获益的说法（Herring 和 Paarlberg 2016，第 402~403 页）。例如，2002 年印度政府批准国内种植 Bt 抗虫棉，到了 2014 年，该品种在整个棉花种植市场所占的份额已经超过了 90%，其种子大量售于灰市；巴西的转基因大豆在获批后 8 年内占领了 83% 的份额；2001 年南非开始合法种植转基因白玉米，10 年内该品种的种植量占到了玉米种植总量的 72%；中国在 2006 年批准种植转基因木瓜，短短 5 年后推广率达到了 99%（同上，第 398 页）。如果转基因作物像有些人宣称的那样有害，我们不禁要问，农民为何会如此轻易地予以接受？迄今为止，转基因种子几乎只被批准用于动物饲料或工业作物，然而有限的证据表明，转基因粮食作物对农民同样具有吸引力。例如，孟加拉国政府在 2013 年批准了 Bt 转基因茄子的商业化种植，随后，在 2016 年至 2017 年的耕作季，一项实验对 505 名种植 Bt 茄子与 350 名未种植 Bt 茄子的农民进行了比较，结果发现前者赚得的净收益要比后者高出 5 倍，农药成本也降低了 61%。在 2016 年和 2017 年两个耕作季之间，孟加拉国使用转基因种子的茄农比例从不到 1% 跃升至 17%，大约有 27000 名之多（Shelton，2018）。其他研究表明，转基因作物降低了农药中毒事件的发生率，例如，印度在引入 Bt 棉花之后每年减少了数百万起农药中毒事故（Kouser 和 Qaim 2011）。

如果生物技术的潜在收益如此之大，为什么只应用在了极少数的作物上？政治学家罗纳德·赫林（Ronald Herring）和罗伯特·帕尔伯格（Robert Paarlberg）试图从利益分配与风险感知的角度来解释生物技术的失败。他们认为，技术变革可能会普遍为潜在的风险注入不确定性，即使没有证据能指出任何确切的危害，但我们仍无法从科学上证实新技术的安全性，转基因技术即是其中一例。因此，风险便"以假设或预期的形式被社会建构"（Herring 和 Paarlberg 2016，第 398 页）。如果一项技术能为消费者带来显而易见的好处，如手机、微波炉或药品，这种前期的担忧便逐渐淡去，但如果消费者只能从中获得极少的直接利益，他们可能会被说服，以假设的风险为由，抵制特定的新技术。依照这个逻辑，一个原本令人费解的问题就说得通了——为什么重组 DNA 技术在医药领域已被常规化用于合成人胰岛素、肝炎疫苗与基因疗法，但在食品生产中却被广泛拒绝？关键的区别在于，该技术用于医疗时，消费者是直接受益者，因而甘愿承担风险，但相比之下，生物技术应用在农业领域时，产出的利润大多归生产者所有，消费者无利可图，因而转基因粮食作物更容易受到他们的抵制。也正是由于这个原因，只有在不直接售与消费者的工业作物和饲料作物（比如棉与油料）市场，代表生产者利益的生物技术才赢得了用武之地。

如果赫林和帕尔伯格所论不假，社会对技术的接受程度取决于如何分配利益与感知中的风险，那么另一个难题就出现了。欧洲的消费者出于担忧，将转基因食品拒之门外，倒也无可厚非，因为那里的农业生产者本就只占社会的一小部分。但发展中国家明明拥有大量农业人口，有希望受益于品种改良，却为何给予转基因作物同样的冷遇呢？我认为这里正是西方的力量与限制条件从中作祟。环境政治学者伊丽莎白·德松布雷（Elizabeth DeSombre 2000）曾提出"浸礼会成员与私酒商"（Baptist and bootlegger）联盟这一概念，我认为反转基因食品运动正为其提供了一则典型案例。这个比喻源自美国禁酒时期，指受意识形态驱使的绿色团体（对应浸礼会）与想从全球性环境法规中获利的公司（对应私酒商）结盟的情形。

1996年3月，欧盟批准进口了第一批转基因大豆，事实证明这个时间节点非常不凑巧。就在当月，英国官方首次证实了牛海绵状脑病（BSE，俗称"疯牛病"）病例的存在（Herring 和 Paarlberg 2016，第401页）。病牛的身体部位被其他牛食用，继而造成感染。疯牛病将媒体的注意力集中在磨碎动物尸体用作饲料这一农牧业做法上，这虽然和基因改造并无半点干系，但公众舆论还是对农业工业化带来的风险起了戒心。绿色团体早就在反对"不可一世"的生物技术，这些"浸礼会成员"抓住机会，成功操纵了舆论，以至于欧盟在1997年引进了严格的食品标签法，转基因食品的生产很快被加以管制，在许多国家几乎被完全禁止（Herring 和 Paarlberg 2016，第401页）。对于"私酒商"来说，新的作物品种很可能不再需要以往那么多化肥农药，这给欧洲的大型农用化工产业带来了威胁，而欧洲农民则很高兴有机会把美国农产品踢出本国市场（Juma 2016）。如此，一个由浸礼会成员与私酒商组成的联盟形成了。

欧洲反转基因运动的早期成功意味着在组织国际社会接纳转基

因作物这方面，欧洲各国政府、绿色非政府组织和化学公司有着共同的利益。这场运动之所以能在欧洲成功，是因为它采取了两面钳形夹击：民间活动将转基因食品塑造成洪水猛兽，使社会基层对其产生自下而上的抗拒，国家又通过外交施压及贸易激励对转基因食品加以自上而下的抵制。肯尼亚科技学者卡勒斯托斯·朱玛（Calestous Juma）曾在20世纪90年代末担任《联合国生物多样性公约》（The United Nations Convention On Biological Diversity）的执行秘书，正如他所解释的："许多非洲国家对转基因食品采取了更谨慎的态度，部分原因在于他们与欧盟有很强的贸易联系，并因此受到了外交压力"（Juma 2016，第241页）。然而，最重要的原因莫过于各国磋商签署的《生物多样性公约卡塔赫纳生物安全议定书》（2000），在其刺激下，各国要想保障农业销售，维护农业声誉，就须确保自己的农产品不含任何转基因成分。该议定书还为活体转基因生物的跨境转移制定了规范，并庄严写入了一款"预防办法"，允许政府即使在没有确凿证据证明其有害的前提下，仍有权限制转基因产品的发售（Juma 2016，第239页）。转基因食品包装上需要贴有警示标签，并须获得指定"生物安全机构"事先知情同意后才能出口（Herring 和 Paarlberg 2016，第406页）。转基因食品的监管力度堪比危险品，因此一旦有任何关于其毒害性的疑问，这些农产品似乎真的有可能被禁止进入欧洲。为了不失去市场准入，欧盟的发展中国家贸易伙伴们如今正铆足了劲封杀转基因食品。

能源

不出所料，能源基础设施是另一个剑拔弩张、抢占道德高地的辩论战场。本章要讲述的是20世纪80年代绿色能源附带的条件，当时绿色活动家联盟开始抨击世界银行向一系列工程项目提供资金的行为，如印度的纳尔默达大坝（Narmada Dam）和尼泊尔的阿伦三号大坝（Arun Ⅲ Dam）。这些项目均有利于相关国家实现发展目标，但需要重新迁置大量人口，并似乎带来了不可接受的环境成本。在各国绿色运动的持久攻势下，世界银行不得不让步，从一系列项目中撤资。政治学家苏珊·帕克（Susan Park 2005）已经论证过绿色非政府组织如何通过游说各国政府，要求对所有建设项目进行环境影响评估，并通过直接说服世界银行官员或与其结成社交圈，以成功向世界银行的决策施加影响。

随着时间推移，世界银行的议程越发"绿色化"，发展中国家的政府越来越难为以水电和燃煤电站为首的一系列技术寻得国际融资，因为这些技术都是国际环保组织的打击目标。世界银行集团声称，自 2010 年以来，它没有资助过任何未开发地区的煤炭项目（World Bank 2016，第 35 页）；2017 年 12 月，它又宣布停止对所有上游化石燃料开发项目的支持，石油和天然气名列其中（Kim 2017）。一些学者认为，世界银行通过将贷款与环境、人权挂钩，为自己挣得了"卫道士的美名"，从而使资助和控制它的西方各国赋予其更高的法理地位（Nelson 1996）。其他学者则将改革后的世界银行称为"绿色新自由主义"的代理人（Goldman 2005），或承认可持续发展已被吸纳进主流话语，参与社会关系的再生产（Rootes 2014，第 279 页）。

尽管如此，绿色非政府组织和绿色学者仍继续鼓动各方在向发展中国家提供贷款的同时，附加条件以制约其能源选择。从历史上看，化石燃料的使用与人类发展之间有着无可争议的联系，然而提倡绿色条件的非政府组织经常声称，可再生能源领域取得的新突破意味着我们不再需要发展化石燃料了。比如乐施会（Oxfam）[7]在其 2015 年发布的一份报告中称,"可再生能源能以一种更便宜、快速、健康的方式增加能源供应",所以我们如今"不再需要在改善生活与应对气候变化之间权衡取舍"(Bradshaw 2015)。这份报告的核心主张是"增加煤炭消费与保护发展中国家的贫困人口权益水火不容",如果前半句专门指富裕国家的煤炭消费,那才百分之百准确。然而,鉴于人类获取能源既能促进发展,又能增强对气候灾害的抵御能力,生态现代主义者认为,西方试图限制发展中国家的能源选择是不道德的。

对于"化石燃料如今'不再是刚需',绿色条件才是发展中国家人民的福音"这样的观点,纳奥米·克莱因给出了另一个范例,她写道:

> 我们需要达成共识的是,过去受过伤害并不意味着一个国家有权在更大规模内重复同样的罪行。就像被强奸并不赋予一个人以强奸他人的权力一样……过去被剥夺了污染大气环境的机会并不赋予任何人在当今这样做的权利(2015,第 417 页)。

克莱因搬出马克·雅各布森的百分之百可再生能源计划作为依据,证明可再生能源现已为"榨取主义"提供了一个可行的替代方案。至于雅各布森的研究,大多数评论者都对他提出的能源系统是否具有实操性表示怀疑。比起政府间气候变化专门委员会,他的模型对可再生能源潜力的估测要乐观得多。然而,为了让这个完全依靠可再生能源建立的经济系统能够运作,雅各布森假设今天全球深度不平等的模式一定会持续到很远的将来。如果我们深入研究雅各布森随同模型一起公布出来的电子数据表,就会发现埃塞俄比亚人在 2050 年必须要靠比当前还少的能源勉强度日,同时每个美国人消耗的电力预计将比五个印度人还多。*这看起来似乎并不符合克莱因的价值观，所以我认为她只是因为没能认清电力供应的现实挑战，才对雅各布森的工作表示认可，并非真心实意地支持这种严重的不平等。

化石燃料仍然满足着人类80%的能源需求，这揭示出一种集体性的偏好，即各国都将保障能源充裕的优先级摆在减缓气候恶化之前。生态现代主义者捍卫自主的能源选择，背后折射的信念是所有社群都应掌握平等的民主自决权，发展中国家尤其需要财富、发展及能源来确保其具备适应气候变化的能力。因此，生态现代主义者反对西方金融机构试图控制发展中国家能源选择的行径（Pritzker 2016）。例如，突破研究所（BI）高级研究员及发展问题专家托德·莫斯（Todd Moss 2018a）谴责国际能源署为农村地区设定的每人每年50千瓦时的"能源获取"标准。莫斯指出，"如果期望人们将电力投入到经济学家所说的'生产性用途'或普通人所说的'工作'中，目前小型供电系统所能提供的电力远远不够"。他简述的调查证据表明，大多数已接入太阳能微电网的非洲人也希望接入传统电网（Moss 2018b），同时，由于电网具有不可靠性，那些已经接入传统电网的人也普遍希望能够接入可再生电网，以备不时之需。

上文中我曾提到，对于生态现代主义者来说，围绕能源使用展开的辩论似乎被寄予了特殊的情感意义。在2016年举办的"突破

---

* 这些都是粗略计算的结果。然而，雅各布森的2050年预测表格显示，印度的终端需求总量为996吉瓦/8725太瓦时，美国为1291.42吉瓦/11313太瓦时。根据联合国2017年世界人口前景报告，美国目前人口为324459000，预计到2050年将增长至389592000，而印度的对应数据为1339180000和1658978000。如果按2017年的人口比例（低估了潜在的人均差距）计算，印美两国人均用电比为0.744：3.979千瓦，或6.51：34.87兆瓦时，这意味着美国公民的人均用电量约为印度的5.3倍。2017年12月12日下载自：https://esa.un.org/unpd/wpp/Publications/Files/WPP2017_KeyFindings.pdf；http://web.stanford.edu/group/efmh/jacobson/Articles/I/AllCountries.xlsx。

对话"中,当萨米尔·萨兰谴责世界银行和经合组织出台政策限制印度燃煤电站融资,称其具有"新殖民主义心态",并将"贫困"一词描述为"世界选择的碳减排方式"(见 Saran 和 Mohan 2016)时,观众席掌声雷动。生态现代主义者当然也寻求能源转型,尽快抛弃化石燃料,但他们希望通过增强清洁能源的吸引力,使第三世界国家自愿采用来实现这一目标,而不是通过附加条件来剥夺这些国家政府的其他选择。

附加条件和政府主导的发展

上述争论中隐含着同一条线索,即对绿色条件的担忧,在它的威胁下,各民族国家自主决定命运的潜能将被扼杀,政府主导的发展模式也遭到排除。我们先前探讨过第三世界由政府引导的发展主义及其反对者,在研究科学哲学的印度学者梅拉·南达(Meera Nanda)笔下,围绕绿色革命展开的早期争论中也涉及这一点:

> 虽然绿色革命的众多激进批评者反复揭露美国政府和基金会引领绿色革命风潮是受私利的驱使(如控制本土种质资源[8],打入第三世界的种子和农用化学品市场),但这些批评者却很少注意到这一阶段农业现代化的其他重要合作者——第三世界政府本身(Nanda 1995,第 25 页)。

在南达的描述中,印度政府参与绿色革命的方式是将其作为国家建设的长期项目,侧重于搭建科研基础设施平台,根据不同地区的作物与耕作条件,因地制宜开展农业研究。南达着重强调,国家发展的概念本身就是一种创新。从历史上看,自由贸易理论包含着比较优势的概念，侧重于自然气候与资源禀赋等因素，认为这些因素是不可改变的。但新的国家发展理念表明，自然禀赋并不是固定的，可以通过国家政策（如促进农业创新）加以改善。然而，南达也表示，过去只有在从"二战"结束到债务危机之前的这段窗口期，政府才有机会主导国家发展，例如墨西哥曾采取措施，在1980年到1982年期间成功将农业生产的增长率提升了一倍。可是，这些政策已经被世界银行协商出台的结构调整贷款绞杀殆尽。该贷款要求对象国取消所有的价格支持，并将国家机构向私人资本开放（Nanda 1995，第26页）。当前，国家主导的农业发展模式再次面临着西方的阻力。

虽然我对能源和生物技术的讨论突显了生态现代主义的立场，但我希望自己在呈现论敌（即绿色主义）的观点时保持了一定的宽容度，以此说明不同社群在拥有自主决定权的情况下，很可能也会做出不同的选择。例如，一些国家可能会选择将不同的零碳能源组合起来使用，如风能加水电，或太阳能加核能；即使没有欧盟施压，一些第三世界国家也可能会将转基因食品拒之门外。关键的一点是，西方活动家和政府无权将自己的偏好强加于第三世界。

本章小结

乔治·蒙比奥特（George Monbiot）在评论《生态现代主义宣言》时指责其作者具有新殖民主义的本能，他对生态现代主义"城市化可以为自然腾出空间"的说法最为不满。据他说，这种对城市化的热衷：

> 和历史上诸多类似的提案一脉相承，从英格兰和苏格兰高

地的圈地运动、殖民者对肯尼亚和罗德西亚的土地掠夺、苏联在埃塞俄比亚的不动产强占与村有化政策，到目前主权财富基金和富裕国家的金融家对贫穷国家农田的窃夺……长期以来，这些不接地气的知识分子（指生态现代主义者）自信地将世界上的穷苦人民泛泛而论，使其深陷于苦难之中（Monbiot 2015）。

蒙比奥特似乎有些言过其实。诚然，《生态现代主义宣言》的确声称城市化和农业集约化都"展现出了减少人类对环境需求的潜力，为非人类物种提供了更大的生存空间"。然而，这份宣言意在挑战那些指导环境活动的成规，而不是将自给自足的农民和森林中的居民送到人口稠密的城市"集中营"。事实上，这份宣言支持各地方自己做决定，指出"我们意识到许多社群将继续选择土地共享[9]模式，寻求在农业用地开展野生动物保护"（Asafu-Adjaye 等 2015，第 27 页，强调由原文标注）。

尽管如此，蒙比奥特的观点还是值得我们深思。虽然世界权力的天平正迅速向"东方"倾斜，但西方环境思想的时下动向仍有可能威胁第三世界社群的自主权。如果生态现代主义对城市化的热衷得到了政治上的支持，那么蒙比奥特想象中的强制性政策将很有可能变成现实。同样，生态现代主义者在急于为过去几十年里人类福祉的惊人进步进行辩护时，往往未能认识到"现代化"和"进步"曾经造成过怎样的伤害。他们没有说错，今天的婴儿死亡率更低了，人口平均预期寿命更长了，健康水平与热量摄入高于有记录以来的任何时期。然而，他们也许不得不承认，如果给现代化算一笔账，在这些丰功伟绩的背后，各地本土文化遭到了持续破坏，传统的土地使用者被迫流离失所，国内不平等加剧，野生自然环境被侵占，整个集约化畜牧产业链上的动物都在被残忍对待。

现代化和殖民主义在逻辑上有别，但曾在历史上表里相依，以至于一个人如果在赞美现代化好处的同时，没有承认殖民暴行带来的持久伤害，便有与其同谋的嫌疑。一些生态现代主义学者极力强调问题的复杂性，就像以前许多唯物主义思想家一样，譬如马克思在论述从封建社会向资产阶级社会的过渡时就曾指出，虽然现代化的总体影响是进步性的，但仍然造成过贫困。《生态现代主义宣言》热切赞颂一个"伟大的人类世"，而正像这种热情所表现出来的一样，生态现代主义似乎失去了对复杂问题的平衡把握。这不仅仅是说，如果这份宣言听起来不那么自鸣得意，其主张会更有吸引力，而且，它如果更关注人类经验的复杂性，就会更忠实于自己的人文主义价值观。

然而，在我看来，这份宣言最大的缺憾在于没有关注在气候危害日益严重的当下，我们如何促进人类的普遍发展。前文我已讨论过拉吉·德赛的观察，即就人均收入而言，现在的印度尼西亚与美国在1935年通过《社会保障法》时处于同一水平，而今天的中国比1948年建立国民医疗服务体系（NHS）时的英国更加富有（Desai 2015，第315页）。我读到这一分析时有豁然开朗之感。从历史的维度看，不仅是一些低收入国家如今变得相对富足，全世界平均而言也比英国落实全面社会保障时要富裕得多。2017年，全球人均GDP按购买力平价计算为17300美元，如果将全人类视作单一的政治共同体，则当前的经济水平早已足够支持我们发展全球统一的福利机构，在世界范围内普遍提供基本医疗保险、教育及养老金。阻止这一目标实现的并非资源紧缺，而是全球未能团结一致为上述形式的国际社会福利提供支持。正是有鉴于此，我提议将"全球社会民主"作为指导各国向生态现代主义过渡的一个实用性隐喻。

经常有人指责生态现代主义是一个由技术官僚操纵的西方精英

主义方案，而我本章以探讨"第三世界方案"开篇，原因之一就是要证明生态现代主义与这个更早的第三世界反殖民主义运动有着共同的目标，那就是由政府主导实现技术进步。此外，生态现代主义对绿色条件的批判与第三世界联盟对马尔萨斯主义的发展逻辑和新殖民主义干预的拒斥口径一致。虽然生态现代主义起源于北美环境主义这一相对精英主义性质的运动，但它与第三世界联盟有许多共同的关切。尽管如此，和"第三世界方案"相比，生态现代主义的局限性也很明显。虽然这两个运动都主张人类普遍发展，并捍卫国家的自主决定权，但"第三世界方案"寻求建立国际经济新秩序，提出了一个具体的补偿与再分配方案。如果生态现代主义对人类普遍繁荣的承诺是严肃的，就必须也拿出一套方案，指明在气候危害日益严重的未来，国际社会应如何造福弱势群体。在下一章，我将开始探讨"全球社会民主"这一隐喻对全球气候治理的民主化有何潜在意义。

1 关于"隐喻"（metaphor）的说法，作者在第 6 章有解释，即通过将不熟悉的事物比附到相对较熟悉的事物上来加以理解，和英文中的 trope（比喻、转义）相近，充当一种理解性的工具，与本书最后一章引用的苏珊·桑塔格提出的疾病的文化"隐喻"意思不同，后者更偏重引申义、外延、社会意涵等。为与原文保持一致，作者所讲的"metaphor"统一处理为"隐喻"，但需要结合上下文语境来理解。
2 影响代理人（agent of influence）往往具有一定社会地位，被认为利用自己的地位声望影响公众舆论或决策走向，以产生有利于另一方的结果。
3 "发展型国家模式"（developmental State model）是美国政治学家查默斯·约翰逊（Chalmers Johnson）创造的术语，指政府密切参与国家宏观和微观经济规划、加大资源调配力度以发展经济、普惠人民的一种特定经济规划与管理模式，最初用于描述二战后日本的现代化发展模式。

4 罗马俱乐部（Club of Rome）是关于未来学研究的国际性民间学术团体，也是一个研讨国际政治问题的全球智囊组织，成立于1968年。俱乐部提交的首份报告即1972年出版的《增长的极限》（*The Limits to Growth*），预言人口扩张与资源耗尽将危及人类文明。

5 美国著名农业与生物技术企业，目前已被德国制药及化工跨国集团拜耳收购。

6 荟萃分析（meta-analysis）又称元分析、综合分析等，是一种将多项研究结果进行定量合成分析的统计学方法，简言之就是对研究的研究，最初出现在医学领域，到20世纪90年代已成为许多人文、社科、自然科学领域使用的量化统计方法之一。

7 1942年创立于英国牛津的非政府组织，专注于消除贫困与救援事业。

8 种质（germplasrm）是指生物体亲代传递给子代的遗传物质，往往存于特定品种之中，无论野生还是人工培育均包含在内，广义可包括生物体的群落、种群、物种、细胞、基因等。文中主要指农作物种质资源。

9 土地共享（land-sharing）也叫野生动物友好型农业，在保护生物多样性的同时满足农民对农产品的需求，但在生物多样性增加的同时，收获者的预期产量可能会下降，由此引出另一个节约土地（land-sparing）的概念，即提升农业用地生产效率以获取高产的同时，实现其与自然栖息地的分离，从而为保护生物多样性留出空间。二者都属于保护性农业系统，且常常形成互补保护策略。——编者注

第6章
全球社会民主与地球工程正义

今年是2023年，官员们正齐聚一堂，审核《巴黎协定》的进展情况。五个发展中国家组成了"地球工程正义联盟"（Geoengineering Justice Coalition，简称GJC），已经向外界发出了最后通牒：到2025年，富裕国家必须履行《巴黎协定》中的全部承诺，包括每年向发展中国家提供1000亿美元的援助。如果未能得偿所愿，"地球工程正义联盟"将启动太阳能地球工程，通过在平流层喷洒粒子干预太阳辐射，将一小部分太阳能量反射回太空。这些发展中国家承诺将以人工方式阻止全球变暖。该联盟的一位发言人向媒体致辞称：

> 1988年在多伦多举办的一次会议上，发达国家首次承诺到2005年将温室气体排放量减少20%，距今已经过

了35年。今天，我们已经到了这样的地步：即使《巴黎协定》中所有承诺都得到履行，本世纪全球变暖的幅度也可能在3℃以上。随着气候日益变暖，我们已经了解到热浪、农作物歉收、海平面上升和极端天气如何摧残践踏本就脆弱不堪的穷人。尽管是间接且无意的，但正是世界最富裕群体的活动将这些伤害加诸世界上最贫困的群体。

因此，当科学家告诉我们，最贫困的群体可以成为太阳能地球工程的最大受益者时，我们不能草率地予以否定（Bala和Gupta 2017）。今天，我想邀请世界各国共同设计并执行一个亲贫困人口计划。发达国家需要支付入场费——必须按比例向绿色气候基金会认缴气候适应援助金。只有在富裕国家不履行其承诺，且多数参与国批准的情况下，地球工程才会启动。*

诚然，无论是第三世界的激进主义，还是狂妄自大的技术干预，获得的支持都还不成气候，所谓的"地球工程正义联盟"只是异想天开。然而，站在发展中国家的立场来思考太阳能地球工程对我们来说仍很有必要，第三世界戳破了人类世所有人的命运都休戚与共的谎言。人类"同呼吸共命运"的构想已经写入了《牛津原则》（the Oxford Principles）[1]，该原则是指导地球工程研究与实施的公认伦理规范，其中提出必须将太阳能地球工程作为一项公共事业来监管，且只有在所有受影响的社群事先知情同意的情况下才能继续推进。因此，各国必须商定一套统一的管理办法，监督该计划实施（Rayner等2013）。

---

* 类似的设想也出现在奥利弗·莫顿（Oliver Morton）的《重塑地球：地球工程能如何改变世界》（The Planet Remade: How Geoengineering Could Change the World，Princeton University Press，2015）一书中。二者最重要的区别是，此处太阳辐射的威胁被用作了谈判的筹码。

按照《牛津原则》的标准衡量,"地球工程正义联盟"的"行动"将是非正义的,因为其有违全球民主共识这一前提。大多数学者同意这一评断,而有些学者则较为极端,比如剑桥大学的地理学家麦克·休姆(Mike Hulme)认为,任何太阳能地球工程都"不可取、不可控、不可靠",不仅无法达成全球协议,而且一旦开始部署,势必引发国际局势紧张,因为较为敏感的国家会将任何不利的气候现象怀疑为外国的蓄意破坏(Hulme 2014)。打个比方,如果印度或日本启动了地球工程计划,那么下一次巴基斯坦发生洪灾或中国遭遇干旱,印度和日本可能难辞其咎。

然而,《牛津原则》字里行间彰显的普遍格局掩饰了其暗地使出的障眼法:它要求用"有意"与"无意"两个类别划分影响气候的人类行为,针对二者的管理规则也应判然有别。富裕国家从"无意"行为中受益最多,尤其是化石燃料的发展,通过各渠道提升了其公民对极端气候的适应能力。贫穷国家不具备这样的优势,他们是"有意"行为的最大受益者,通过地球工程等缓解气候变化的"有意"行为保护自己的人民免遭气候灾害。鉴于气候变化的近期威胁主要影响发展中国家的人民,富裕国家和贫穷国家最终可能对同一个不完美但实用的技术手段得出相当不同的结论。若事实真的朝着这个方向发展,那么《牛津原则》所阐述的普遍伦理标准虽然用意良好,但可能会给本就有失公正的国际社会火上浇油。

本书的目标之一就是以更明确的社会民主模式重新构建生态现代主义。我遵从伯曼(Berman 2006)对社会民主的理解,即强调政策的首要地位,接受民主干预,最大限度增加对人类发展与其他公共产品的社会投资,并将民族社会(national community)视为民众认同感与凝聚力的有效来源。迄今为止,只有在挪威、瑞典和丹麦等发达的北欧国家,我们才能一睹社会民主的真正面貌。然而，气候变化将各个民族社会的命运交织在一起，如果每个民族社会都在追求自己定义的"公共利益"，这可能在无意中破坏全球共享的气候环境，以至于对国家层面的社群主义社会民主构成内在挑战。在理想情况下，气候问题应该在国家政策审议中占有更重要的地位，促进各方协调行动予以解决，但决策者似乎还没能领会到这一点。一些国家应对气候变化的能力较弱，其有限的资源目前已经不堪重负，而气候危害却仍在持续累加。这一现实给社会民主带来了多重挑战：对于木已成舟的损害，如何为贫穷国家提供补偿或保护？如何更好地将国内民主审议的重点放在全球挑战上？此外，对于本质上是全球性的问题，如何推动其决策的民主化进程？本章聚焦于太阳能地球工程，涉及的正是这最后一个问题，但在本章最后部分，我还将探寻有哪些潜在的动力源泉能引领我们达成社会福利的全球供应等一系列更广泛的社会民主协议。

若我们承认气候变化带来的危险现已几乎无法避免，这将会带来哪些影响？接下来我将采用致力于促进人类平等、自由和民主的生态现代主义政治视角对这一问题进行分析。之所以将重点放在太阳能地球工程上，部分原因在于我认为很少有人认识到这项技术的民主化潜力。有些人声称，在全球性的民主管理制度尚未建立之前，太阳能地球工程绝不能付诸实施。作为反驳，我认为商讨太阳能地球工程的过程本身是对民主化进程的有力鞭策。此外，正如"地球工程正义联盟"的设想，太阳能地球工程可能成为贫弱国家手中的筹码。随着我们逐渐迈进这个气候变化的时代，重大的政治选择似乎正在挣脱有意的民主控制，而这一趋势有望通过国际社会更积极地探讨"地球系统治理"得到扭转。

太阳能地球工程、风险及其脆弱性

激进学者经常引用安东尼奥·葛兰西（Antonio Gramsci）的"霸权"概念来解释以普世语调写就的法律和规范如何服务于统治阶级利益（Cox 1983）。安纳托尔·法朗士（Anatole France）的调侃也体现了相同的洞见："法律以其平等的威严，禁止富人和穷人睡在桥洞下。"《牛津原则》对太阳能工程的限制只针对西方国家才合理。当然，富裕国家和异想天开的亿万富豪在有意干预地球系统之前，也应征得全球各国的同意（Fuentes-George 2017）。即使我们只把气候干预视为"全球环境治理协作行动"的一部分，西方主导的地球工程也只有在得到国际广泛支持的情况下才符合伦理（Long 2017，第78~82页）。

但《牛津原则》有权支配发展中国家的气候回应吗？反地球工程的文章著作中最常见的套路之一就是断言"世界上最脆弱的群体可能受到最大的影响"（Janos等2017，第213页），那些"对人为的气候变化问题几乎没有责任"的人可能受到伤害（Svoboda和Irvine 2014）。这是一个颇为奇特的歪曲，因为证据表明，按粗略估计，贫穷国家和赤道地区实际上将是太阳能地球工程的最大受益者（Reynolds 2014；Boucher等2013，第630页）。第三世界人民是气候变化的主要受害者，既是由于贫困造成的脆弱性，也是因为赤道地区已经接近人体热舒适的极限。许多贫穷国家位于热带地区，一年中经历的炎热天数已经是富裕国家的两倍左右，且正在以两倍于富裕国家的增长速度增长（Herold等2017）。诚然，太阳能地球工程将对赤道地区产生不成比例的影响，但这种影响将是有益的——赤道地区的降温幅度将比两极地区大得多。因此，太阳能地球工程确实将对穷人"影响最大"，并且效果类似于公费医疗保险对病人

"影响最大"。

我们对现存气候危害的了解还远非透彻。媒体往往聚焦于在较为极端的案例上,比如图瓦卢和基里巴斯,这两个太平洋岛国全域都受到了海平面上升的威胁。然而,作物歉收、病媒传染疾病[2]、热浪、洪水和极端天气已经使数百万人陷入困境。在大多数情况下,这些灾害与气候变化的关系并不明显,甚至受害者自己也难以察觉。鉴于全球日益加剧的不平等对贫困人群的日常"施暴"手段变化频繁,我们只有通过统计分析才能分清楚气候变化应为这些人受到的伤害负多大比例的责任(如 Mazdiyasni 等 2017)。

我们现在来看太阳能地球工程。政府间气候变化专门委员会得出结论,"相比于温室气体浓度升高及未进行太阳辐射管理(SRM)而言",被其称为"太阳辐射管理"的这项工程"将从整体上减少气候差异"(Boucher 2003,第 575 页)。海平面上升将会慢下来,但不会停止(Applegate 和 Keller 2015;Tokarska 和 Zickfeld 2015)。委员会还强调,地球工程不是万能的,风险相当大,带来的影响也因地而异。因此,部分弱势群体完全有可能遭受损害。实际上,一项先期研究已经发现,旨在实现全球利益最大化的战略可能会对西非的萨赫勒地区造成负面影响(Ricke 等 2010,第 537 页)。然而该研究还发现了另一种部署策略,能使各地区的降雨与温度模式更接近工业化之前的状态。这一发现已被后续研究证实(Kravitz 等 2014)。

既然证据在此,如果大多数发展中国家的民众和政府认为太阳能地球工程能使其获益,决定部署实施,他们是否还应当等待发达国家的首肯?《牛津原则》坚称必须如此——实力雄厚、污染严重的国家应有权否决不够完美的气候回应。这些原则以合理、公正的言语写就,并抽象地谈论全球公共利益。我们这些习惯以这种自诩优越的普世主义腔调说话的人应当记住，尽管出于好意，但我们总是将自己的价值观和利益投射到自己想象中的"普世"之上。*

太阳能地球工程符合"伤害最小化"（harm minimization）这一广为接受的公共卫生准则，即接受部分人类活动（如吸毒人群的存在与温室气体排放等）无法立即终止这一事实，转而寻求降低其负面影响。因此，我们通常将实施地球工程的动机理解为希望保护人类和生态系统免遭气候危害（Talberg 等 2018），而甚少考虑到其潜在的生态（以及社会）效益——奥利弗·莫顿的精彩著作《重塑地球》是一个罕见的例外（2015，第 257 页）。这可能有些出人意料。现代环保主义的金科玉律就是禁止故意干扰自然，或许正是这一信念钳制了我们对于太阳能地球工程潜在生态优势的探讨。

据估算，多达六分之一的动物物种正受到气候变化的威胁（Urban 2015）。人类正动用力量保护一些最著名和受欢迎的物种，但包括飞蛾、蜘蛛、真菌和鱼类在内的不那么有魅力的濒危物种中，许多从未引起过关注，很少能得到生态运动的专门保护。这就是为什么任何一项能够减少所有物种气候压力的干预措施都极具价值——它可以给整个生态系统带来生的希望，使脆弱的物种能够迁移或适应。然而濒危物种就像贫困人群一样，在气候辩论中是"无声的"。谁来代表受气候变化影响的非人类物种和未出世的人类后代在环境决策中发声？这个问题长期吸引着绿色政治理论家的兴趣。例如，罗宾·埃克斯利就认为，鉴于人类后代与非人类物种都还不能为自己申辩，我们应当制定宪法条款，保障他们的代表权。她建议设立一个"生态捍卫者办公室"，赋予其特定权力以保护不

---

* 当然，这一警告不只针对太阳能地球工程的反对者，也同样适用于生态现代主义者和"地球系统治理"的支持者。

能发声者的利益（2004，第 244 页）。然而她的逻辑存有漏洞。正如一位埃克斯利著作的评论者所指出的，她没有解释"'生态捍卫者'如何得知非人类的自然或'无数子孙后代'想要什么，也没有说明人们如何能将这些（尚不存在的）'他者'的偏好与'生态捍卫者'自己的偏好区分开"（Warren 2006，第 377 页）。

不过，假如这个办公室真的成立了，应该对太阳能地球工程持怎样的立场？从生物多样性的角度看，支持和反对的理由都很充分。一方面，科学模型表明，减少太阳辐射有可能将生态威胁降到最低；另一方面，地球工程一旦突然中止，将可能招致灾难性后果。值得赞赏的是，一些环保组织已经认识到了该问题的复杂性，对其采取了较微妙的立场。然而，绿色和平组织和"别碰地球母亲"（Hands off Mother Earth）等组织却只着眼于其中的风险。

威廉·迈耶在他的《进步的环保普罗米修斯》这部规模宏大的史书中，追溯了几个世纪以来欧洲进步主义的特点，即怀有普罗米修斯式的信念，坚信人类有能力改善生态环境，但 20 世纪 60 年代的现代环保主义彻底扭转了这一立场。绿色主义人士开始强调"插手复杂的自然系统所产生的不良后果给人类带来的危险"（Meyer 2016，第 29 页）。因此，普罗米修斯主义开始与环保运动守旧的反对派联系在一起。纳奥米·克莱因警告称，如果我们试图"为了清理低层大气中的垃圾而将另一种不同的垃圾排放到平流层"，我们的地球工程"可能导致地球以超乎想象的方式失控……长达数个世纪的'控制地球'的童话故事最终将以这样的悲剧收场"。她这番话反映出现代环保主义已经将禁止干涉自然视为理所当然，但她此处随意否定了气候科学家的预测，而是断言像对流层这样一套自组织、复杂且适应性强的系统"具有根本无法预知的突变特质"（Klein 2015，第 267 页）。这才是本质上保守的立场。一些绿色理论家已经承认了绿色运动的保守一面,并试图辨别出自己出于"生态保护主义"作出的承诺,以期与保守主义割席。例如,安德鲁·多布森(Andrew Dobson)认为,尊重非人自然的内在价值、关心后代(而非维护过往)以及不受私利驱使是"生态保护主义"的决定性特征(Dobson 2007,第161~162页)。但显然,这些十分绿色的承诺并没有使太阳能地球工程遭遇的敌意变得合理。

给绿色主义对"自然面前保持谦逊"(Klein 2015,第267页)的倡议贴上保守的标签并不是要诋毁它。绿色主义的审慎为草率而过度的发展提供了重要的矫正,其设计了环境影响评估方法,旨在将环境价值纳入事关发展的决策中。例如,美国在1969年通过的《国家环境政策法》(the National Environmental Policy Act)将"环境审查"(environmental review)制度化,撰写报告评估一个项目可能产生的环境影响,通过将报告向社会公开来征求公众意见。这种方法为公共政策做出了巨大贡献。然而,如果尊重自然(或市场、社会)的复杂性成了不可触犯的铁律,这一信条很快就会坍缩为反动的保守主义。这种保守主义通常与深入人心的政治承诺相关,人们接受或拒斥这些承诺,其政治观点也随同变得势如水火。想想默克尔主政的德国对于核电的焦虑,或欧盟对转基因生物的担忧。在这两种情况下,政治精英们调动起公众对(能源与基因)纯净性的关注,酝酿焦虑情绪,从而推行冷酷和非理性的政策——德国排放了更多的废气,欧盟则限制了农产品进口,尤其拒绝了来自撒哈拉以南非洲的货源,由此造成的危害主要影响的是政策实施国之外的人民。

国家精英煽动恐惧,鼓动或控制公众对某一政策立场的支持,这一过程有时被称为"安全化"(securitization;见 Williams 2003)。如果找对了威胁对象,"安全化"可能是有益的,比如印度尼西亚政府曾公开焚毁非法外国渔船,此举有效提升了海洋保护的影响力（Busro 2017）。但更常见的情况是,"安全化"会助长有害的敌我之分,被用来向处于弱势的少数群体或局外人泼脏水。如果发展中国家开始进行太阳能地球工程,他们很可能遭遇来自第一世界绿色主义者及民族主义者的阻力。

然而,对许多环保主义者来说,"伤害最小化"正是错误的做法。在部分人看来,气候变化背后隐含着救赎的目的：全球变暖就如同地球发烧,像杀灭病毒般摧毁浅薄的物质主义文化这一病原体。克莱夫·汉密尔顿（Clive Hamilton 2010,第218页）满怀憧憬地写道："全球变热的时代将涌现新的价值观——在自然面前保持节制、谦逊、尊重甚至敬畏。人们不再自怜自艾,及时行乐,而是以足智多谋及无私的形象重新出现。"这种观点的拥护者大概率会反对地球工程,认为其通过掩盖病症,纵容消费文化的蔓延。许多传统的环保主义者认为,消费对人类和环境都有害,发展中国家模仿西方的现代化是一个错误。弱势人群对发展与气候适应的追求将加剧环境危害与风险,这始终困扰着我们。联合国曾发起《富内报告》（Strong 1971）,阐明第三世界的立场,为1972年的斯德哥尔摩人类环境会议作铺垫,但五十年过去了,这个难题却比以往任何时候都更棘手。因此,要创造一个美美与共的"人类世",我们就必须有能力重新调控人类对气候的影响。

理想的情况是,无论是减缓气候变化还是太阳能地球工程,一切相关决定都将以民主的方式做出。在一个全球性的民主制度中,由于具有人口优势,发展中国家将主导决策结果。然而,即使在民主实践中出现了希望的萌芽,我们在反思与民主指导下采取集体行动的能力仍然有限。正是在这种情况下,太阳能地球工程才更具吸引力,因为其实施不需要全球每个社群都进行深刻的变革。如果国家减排政策与技术创新推进缓慢,气候恶化已避无可避,那么像太阳能地球工程这样的全球性干预将是争取时间的有效手段,甚至还有可能推进全球改革的民主化。

针对太阳能地球工程最常提出的担忧之一是"终止冲击"(Termination shock)。根据其观点,地球工程启动后必须无限期地持续下去,因为一旦终止,造成的剧烈气候变化将超出我们的承受范围。这确是实情。气候模型的确预测,如果太阳能地球工程实施后又终止,气温将在短短几年内大致回升至实施前的水平,因此任何终止计划都必须逐步缓慢落实。气候造成的影响与其变化的速度密切相关,若地球工程未经规划便猝然中断,造成的气温反弹将比从未缓解全球变暖更具破坏性。如果有足够的时间,大多数物种都可以迁徙到新的栖息地或适应气候变化。人类也同理,虽然已掌握的农业技术和已建造的基础设施可以适应逐渐的气候变化,但如果变化过于剧烈,我们可能将束手无策。

当然,只有在大气中的温室气体浓度保持在高位的情况下,"终止冲击"才会对我们造成困扰。在理想情况下,人类在实施地球工程的同时还会辅以其他积极措施来缓解气候变暖,这样,只有在大气温室气体浓度"超过"安全水平的短期内,我们才需要采取干预措施。遗憾的是,这种说法实在太过理想化。目前趋势表明,将升温幅度控制在1.5℃——即便从明天起,温室气体排放完全绝迹,全球变暖最终也将到达这一水平——很可能需要连续实施几个世纪的太阳能地球工程(Hansen等2016)。很少有人类的合作项目能持续几个世纪之久。如果我们相信各国能共同维持一个精心调控、彼此配合的太阳能地球工程计划,那未免太天真了。实施这一计划至少需要永远消弭大国之间的冲突和战争。

那么,既然可能带来"终止冲击",太阳能地球工程是否过于危险，不应被考虑接受？一些人必然会给出肯定的回答，但与此同时，许多人为项目也都面临着"终止冲击"的风险，譬如早些时候我曾讨论的合成氮肥，目前全球约有40%的农业生产活动依赖于此（Smil 2017）。也有其他人提出，为实施地球工程而建立的全球社会秩序将是不可接受的。社会学家布罗尼斯拉夫·谢申斯基（Bronislaw Szerszynski）便有此虑。他担心地球工程将需要一个"集权、专制、发号施令式的世界治理结构"，这与"当前广泛采纳的、威斯特伐利亚式[3]的、基于国家自决的国际体系相矛盾"（2013，第2812页）。此外，还有另一些人推测，未来强国有可能组成一个联盟，夺取全球气候治理的控制权，将有利于其自身的全球环境模式强加给全世界（Ricke等2013）。

兰登·温纳区分了"技术能够包含政治属性的两种方式"。在第一种方式中，人们有意设计或无意选择了一项技术，目的是产生一套特定的政治后果，例如削弱劳工组织的力量，或禁止某些人出现在公共场所。而在第二种方式中，某些技术本身即可被看作是政治性的，因为它们会促进，甚至建立某些社会关系（Winner 1980，第123页）。太阳能地球工程将会促成什么样的社会关系？最明显的是，它将需要一个有着充分权威与权力的国际组织，以此敦促全球各国为地球工程同心戮力。我们几乎可以肯定，这样一个组织将不会受到很完善的民主管控。

但与此同时，任何全球性的地球工程机构将迅速成为政治动员的焦点（见Horton等2018）。虽然地球工程终止起来颇为复杂，但在实施阶段，我们可以不断予以完善。在民主压力下，气候干预的目标可能会转向援助最贫弱的国家，保留工业化前的气候模式，最大限度提高农业产量，甚至逐步撤出干预。关于地球工程的辩论也可能促成更好的气候政策。目前，温室气体对气候的完整影响大约在其排放十年后才能显露,这一延宕使有效的政策极难得以制定。太阳能地球工程可以改变人们对这一时间差的看法——"终止冲击"实际上随时可能发生,灾难性的气候影响不再只存在于遥远的未来,而成了真切的近期风险。暴露在更直接的气候风险下,人们会更清楚地认识到减缓气候变化的好处。

1950年,美国神学家雷因霍尔德·尼布尔(Reinhold Niebuhr)写了一篇关于氢弹的文章,其中指出了该技术潜在的一线希望:"(氢弹)增加了人类对战争的普遍恐惧,从而可能增强各国让世界变得井然有序的意志力。"尼布尔补充说:"人类的每个时代都会涌现新的危机与新的可能性,但它们仍与我们已知的事物相关联。"(Niebuhr 1976,第235页)尽管核武器很可能在抑制大国冲突方面发挥了作用,但代价是在全人类头上悬了一把达摩克利斯之剑。如果气候变化与地球工程能带来同等的协作效益,其相关风险也将同样骇人。然而,如果将谢申斯基的论点反过来看,太阳能地球工程一旦实施,将可能对国际合作与民主化起促进作用。对于那些认为民主治理只能适用于国家内部的人来说,太阳能地球工程"固有的全球化趋势"必然存有问题,但对于那些渴望建立全球社会民主秩序的人来说,地球工程预示着富有希望的前景(Karlsson 2017)。这个工程本身并不意味着主权国家的终结,而很可能符合更多人的意愿,帮助建立一个更有序、更民主的世界。

人们普遍认为,要实施任何看起来公正、负责的地球工程,全球范围内的民主共识是必要前提。但如果这条公式应该完全颠倒过来呢?如果事实上,貌似无法解决的集体行动问题已经阻碍了一代人实施有效的气候行动,而发展由全球共同主导的地球工程有助于解决这一问题,并且可能是对气候变化作出公正、负责与民主回应的前提条件呢?我们可以展望这样一个未来:与地球工程相关的严峻挑战促使全球认真付出改善气候的努力，其中包括对清洁能源创新、基础设施和气候适应援助共同进行合理的投资。最后，让世界上受气候变化影响最严重的国家有权自决，这可能不仅是让地球工程得以公正实施的关键，也是推动全球协调一致，共同作出气候回应的要诀，只有在这个基础上，人们才有望以高效、民主、公正的方式缓解和适应气候变化。

迈向全球社会民主

而今，几乎没有迹象表明我们的减排措施能成功改变全球温室气体排放的轨迹，使之符合我们的要求，而且太阳能地球工程得到落实的势头非常衰微。既然气候危害无法避免，如何保护贫困社群的问题就变得越发紧迫。正是在这样的背景下，我提出了全球社会民主这样一则对生态现代主义转型而言具有实用价值的隐喻，其中也包括向全球人类发展与服务供应注入公共投资。隐喻的作用是让我们将自己不完全理解的东西看作或想象成相对更熟悉的东西，以达到理解未知的目的。这里，国家社会民主就被用来帮助我们思考未来可能实现的全球社会民主。即使气候状况没有变化，我们对社会福利与人类发展的全球性投资也能得到许多潜在理由的支持，比如补偿殖民造成的伤害，或秉持人道主义，促进全球团结。然而，气候变化建立了新的国际联系。世界上最贫困的人对气候问题责任最小，也最容易受其伤害，而罪魁祸首当属富裕群体。许多人认识到了这种根基上的不平等，认为世界上的富裕者对贫穷者负有气候债务，就如同在一个社会民主国家，若一个行业倒闭，或某个地区遭受灾难性天气事件影响时，政府很可能会认为自己欠失业工人们一笔社会债。

在社会民主模式中，投资于人类发展一直被视为目的本身，同时也是社会持续进步的助推器。从历史上看，向民众普遍提供社会服务与福利是推动国内发展的最有效方式之一，而提供基本医疗服务则被广泛认为是最成功的国际援助形式之一（Levine 等 2004；Victor 2018）。投资于公共卫生和教育将通过提高经济生产力等渠道造福整个社会，同时也给个人带来好处。这些社会民主理念若应用于全球，能否为治理气候危害提供样板？例如，普及基础医疗保健和国际救灾服务就与气候危害有着非常清晰的联系。此外，国际援助如果是由国家机构主持发送的，那么对国家主权来说有益无损。

证据显示，这种设想正在付诸实践。为了调动资金来支持适应与缓解气候变化，绿色气候基金（Green Climate Fund）等国际机构已然成立。然而到目前为止，国际社会向适应气候变化投入的资金仍然杯水车薪，而这方面的国际援助也面临着其他类别的国际援助普遍遇到的困难。要补偿与气候相关的不公，我们至少需要克服三个挑战。对气候援助持悲观态度的文献不胜枚举，对这三个挑战的阐述已见诸其中（见 Rajan 和 Subramanian 2008）。首先是权力与限制条件的问题。大多数气候缓解及适应方面的援助都是通过双边而非多边计划提供的。受援国需要设法完成复杂的资金申请与报告程序，造成了不必要的复杂性，此外在双边援助中，施援国还可能借机要挟受援国，对其施加政治影响。其次是援助的效用问题。虽然多数情况下援助是有效的，但在治理条件最差、最亟须援助的地方，成效反而大打折扣（Victor 2018）。最后是动机的问题。与气候相关的支持一旦被认为是一种"援助"，其政治基础将极为薄弱。特朗普政府取消向绿色气候基金注资便说明了这一点。虽然从道义上讲，富裕群体确实有责任保护贫弱群体免遭气候伤害，但在实现这一道德目标的路上，我们仍进展甚微。

目前，我们尚不具备实现全球民主所需的社会与政治条件，公众对全球社会福利制度的支持更是寥寥。然而，能否实现生态现代主义所期愿的人类普遍繁荣，取决于我们能否利用好时下的政治势头。在有限的全球社会民主实践中涌现了相当多的此类势头。首先，"国际社会"这个概念正在经历嬗变，"保护责任"（RtoP，即Responsibility to Protect）准则的出现最能清楚体现这一点。该规范指导国际社会应如何对种族灭绝与大规模暴行（战争罪、种族清洗与反人类罪）进行回应，虽然和社会民主思想没有直接联系，但这一规范被国际社会所接受，这件事本身反映出人们对"主权"与国际责任的理解方式正在不断转变。主权不再仅仅指国际法赋予一个国家的合法身份与内政不受他国干涉的权力；相反，制定"保护责任"准则的"干预与国家主权国际委员会"（ICISS）提出，我们应该将"主权视为责任"，即"政府当局有责任行使保护公民生命与安全、促进其福祉的职能"（ICISS 2001，s 2.15）。如果某一国家缺乏履行这些责任的能力，根据"保护责任"准则，国际社会有责任施以援手。

在联合国大会首次通过"保护责任"准则的十年后，国际关系学者亚历克斯·贝拉米（Alex Bellamy 2015，第161页）指出，"该准则的全部内容已经至少4次被联合国安理会一致重申，并影响了超过25项其他安理会决议，正被越来越多的联合国成员广泛采用"。各国政府和其他国际组织例行将其作为行动的依据与规范。通过将"主权"重新概念化，使其纳入保护人权与人类安全的责任，并将协助各国履行这些责任的责任赋予国际社会，"保护责任"正式加深了我们对国际义务的理解。国际社会对保护世界各地人权负有集体责任——这一理念虽然仍较薄弱，但也在其他各种国际语境下得到了表达。2015 年提出的在 2030 年前合作实施的一系列"可持续发展目标"便是其中一例明证。

全球治理民主化的倡导者通常认为,虽然我们不该期待建立一个类似"世界议会"的全球民主机构,但超越国界的民主实践正在出现,可以为更深入全面的民主化提供铺垫(Little 和 Macdonald 2013),譬如,越来越多的国际组织设立了问责机制,非国家行为者正为制定跨境供应链的环境与劳工标准贡献力量。同样,在国家之外还出现了针对再分配与人类发展投资的制度设想。这些全球性社会民主实践是人类普遍繁荣的支持者应当培养的对象。让我们思考一下,在实行社会民主制度的国家,再分配主要通过哪些机制实现:就业监管、累进税制、公共服务的提供(大部分在提供点不收取费用)、通过社会保障金直接进行的财政转移、针对性发展区域经济和人口迁移(Jacobs 等 2003)。1919 年,为了建立全球就业监管体系,国际劳工组织成立,这可能是向国际再分配政策最早迈出的重要一步。一个世纪后的今天,新的实践方式如雨后春笋,许多都值得生态现代主义者努力推广。

钱塞尔和皮克提在他们关于碳与全球不平等的研究中指出,通过在全球实行累进税制为适应气候变化提供资助,这听起来的确诱人,但在政治上似乎不可行。由于乘飞机出行能很好地"标志高收入和高二氧化碳排放的生活方式",他们为累进税提供了一个更可行(尽管仍然不切实际)的替代方案,即对航空出行征税(Chancel 和 Piketty 2015,第 38 页)。2006 年,法国政府试图将这样一项国际计划付诸实践,主办了一场国际会议,寻求其他国家的支持,一同对机票征税,所获得的"团结捐资"(solidarity contribution)将用于资助一家全球健康基金。最终法国只争取到了喀麦隆、智利、刚果共和国、马达加斯加、马里、毛里求斯、尼日尔以及韩国和自己一起征收该税。虽然参与者不多，但这项"团结税"每年持续创造约2亿欧元的收入，并捐赠给国际药品采购机制（UNITAID，一项针对艾滋病、疟疾和结核病等传染病的全球卫生项目）和国际免疫融资机制。税额从欧盟内航班、经济舱的1欧元到长途航班、头等舱的40欧元不等。这种"团结捐资"只是一系列新的全球卫生融资手段之一，它们都体现了新兴的社会民主实践（见Atun等2017）。

联合国的"可持续发展目标"进一步为全球医疗保健服务注入了动力。第三条目标中的一款承诺到2030年实现"全民健康覆盖，包含金融风险保护、高质量基本医疗服务以及安全、有效、优质、可负担的基本药物和疫苗"。2018年，即使像自由派的《经济学人》（*Economist*）杂志这样温和持中的媒体也发表社论称，"在全世界普及全民医疗服务是有望实现的"（2018，第9页）。文中指出：

> 智利和哥斯达黎加的人均医疗支出约为美国的八分之一，但有着和美国相近的国民预期寿命。泰国政府的医疗开支平均到每人每年是220美元，但其国民健康表现几乎与经合组织成员国不相上下。

在全球普及基本医疗保健服务的想法是可行的，且如果我们把重点放在基本与社区医疗服务上，目前已有证据表明能够获得国家层面的成本效益。低收入国家部署全国性方案，国际伙伴从中予以支持，这种模式所体现的"嵌套式"民主实践有可能弥合国际协作与国家主权、社群政治之间潜在的矛盾，并为气候变化政策提供借鉴。

本章小结

过去30年间,气候变化的威胁逐渐广为人知,在此期间人类作出的最重要回应是采取了一种气候适应方式:快速的经济增长,尤其是东亚和东南亚,极大提高了整个国家的气候适应能力。尽管进步显著,但数十亿人仍生活在贫困中,极易受到气候危害的影响。同时,按照世界经济整体的发展趋势,21世纪全球变暖的幅度仍将远超2℃。如果我们能稳步向全球社会服务进行投资,让各地的社群有机会适应气候变化,人类所承受的气候影响将降到最低,但很遗憾,这方面进展缓慢。此外,太阳能地球工程虽然尚未经过测试,而且有不少变数,但气候模型预测,其实施后人类受到有关气候的损害将大大减少。第一世界的绿色主义者大多都判定干预措施的风险太大,而且有证据表明,经合组织成员国的民众也可能普遍得出这样的结论。然而,如果我们以民主方式对太阳能地球工程做出抉择,那么第三世界的众多社群将掌握选择的权力。生态现代主义者在讨论该工程时,常常暗示其不可避免,势在必行(Brand 2009)。如将政治的优先级置于市场力量之上,我们会得到另一个结论,即低收入社群应该享有行使自决的自由,即使在气候干预问题上也当如此。

本章的两个主题是为全球提供社会福利和实施地球干预工程以避免气候变化的某些影响。这两件事很少被放在一起考虑。然而,从社会民主的立场看,权力应通过民主方式聚拢,并被运用到追求集体利益的事业上。社会民主主义者可以通过干预气候系统和干预市场这两套机制,在日益严重的气候威胁下寻求推进人类的发展。用社会学家乌尔里希·贝克(Ulrich Beck)的话说,早在全球团结的坚实纽带出现很久前,"现实就已经具备了全球性"(2006,

第341页）。鉴于人类将继续被划分为常常敌对与孤立的国家社会，全球社会民主实践开始时必然缺乏章法，存有瑕疵。然而，如果增加对社会服务的国际支持，我们就有可能建立国家间的信任与团结，让气候治理变得更有效率。

1 《牛津原则》的全称是《牛津净零碳抵消原则》（The Oxford Principles for Net Zero Aligned Carbon Offsetting），2020年由牛津大学研究者组成的跨学科团队发布，为企业、政府城市规划履行净零碳抵消承诺提供指导。2024年2月，《牛津原则》修订版发布，进一步强调减排与创新的紧迫性与必要性等。全文开放阅读，参见牛津大学官方网站。——编者注
2 流行病学中的"病媒"也叫载体，携带和传播病原体，但自身不受其影响，如蚊子就是多种病原体的传播媒介。——编者注
3 1648年欧洲各国签订了《威斯特伐利亚和约》，标志着威斯特伐利亚主权体系的形成，各主权国对其领土和国内事务拥有主权，有权排除一切外部势力的侵扰，各国互相承认主权，互不干涉内政，各国无论弱强大小，主权平等。主权国家概念自此成为国际法与当前国际秩序的核心。

结语：气候及其隐喻

艾滋病流行之初，人们是通过隐喻来理解这种疾病的，而苏珊·桑塔格（Susan Sontag）在她的著作中试图通过质疑和消除这种对疾病的隐喻理解来切断疾病与内疚及羞耻的心理的关联（Sontag 1989，第54、78、94页）。她观察到"瘟疫（通指大规模流行传染病）总是被看作是对社会的审判"，暗示出"节制以及对身体和意识进行控制的迫在眉睫的必要性"[1]。桑塔格相信，只有试图将灾祸与道德隐喻切分开，我们才能对前者作出合理的、人性化的反应。此外，她还观察到，社会对艾滋病的反应不仅对于一种新的危险来说恰如其分，而且还反映出人们对外部限制的积极愿望。她写道：

在我们的文化中存在着一种普遍倾向，一种时代终结的感觉，即认为艾滋病正在增强；对许多人来说，这意味着那些纯世俗理想的耗竭——这些理想似乎在鼓励放纵行为，或至少没有对放纵行为施加任何连贯性的限制，而对艾滋病的反应显示了这种耗竭状态。(1989，第93页)

许多西方绿色主义者将气候危机解读为这种"对社会的审判"，以此再次敦促人们放弃现代性的复杂挑战，复归更简单、传统的生活方式。应尽量避免干预自然系统这一主张就反映了这样一种复归，这也是现代绿色运动的一大特色。然而，正如在艾滋病的案例中一样，对气候变化作出有效反应需要一套条理清晰、循证引导的方法，如果节制和限制是可行之策，其支持者应将其转化为针对具体问题精心设计的应对措施后再行提出，而不是将其视为一项应普遍推广的文化急务。无论是太阳能地球工程、基因工程还是尖端核技术，这些"狂妄"的干预措施若被全面禁止，人类可能有机会放心地回归传统，但这种对传统的呼吁或许会破坏我们对物质福利的关注，而物质福利一直以来都是进步主义的核心关切。

加勒特·哈丁（Garrett Hardin 1968）提出的"公地悲剧"（tragedy of the commons）已经成为现代环境政治中最具影响力的隐喻之一，同样也值得质询和消解。哈丁所说的"悲剧"实则是一则道德寓言：在一个传统的英国村庄里，公有草场如果不限制村民的奶牛自由进入，则牧草必将因过度放牧而耗竭，土地遭到破坏。这一著名隐喻描述了通过最大化自身可使用资源而实现的个体利益是如何与通过保护公共资源而实现的集体利益相冲突的。哈丁为规避这种"悲剧"提出了两点建议——私有化或强制性政府。其他学者则强调建立自发的集体治理系统，将其视为一个更佳的解决方案（见 Ostrom 2012）。将"公地悲剧"的隐喻施用于气候变化，则地球的大气层可被视为一种共享资源，正受到温室气体过量排放的威胁，全球社会需要找到一种方法来公平分配剩余的排放预算。为此许多分析家提出碳定价、规范排放标准、自愿的非政府减排倡议，以及由国家和其他组织制定的减排目标等。虽然这些政策无疑是有用的，但如果我们已经错失了"节用公地"的时机，"公地悲剧"这则隐喻可能就已经失去了指导现实的效力。

如果我们已经进行到了这则"悲剧"的尾声，那么"限制"的隐喻也随之枯竭。相反，村民们别无选择，只能通过创新寻觅其他的收入渠道与生计来源。值得注意的是，哈丁提出并否定了通过技术（如粮食品种）改良解决"悲剧"的可能性。他在一篇文章中用部分篇幅阐释了自己对"共有资源"（common-pool resources）的分析，这篇文章的核心主张是"自由生育断不可行"，政府必须严格限制国民生育（Hardin 1968，第1246页）。几十年来农业生产力的迅速提高无疑证明哈丁关于粮食供应方面的分析是错误的，但70多亿人的物质需求仍然无法与地球的负载极限相调和，因而在针对气候的讨论中，马尔萨斯主义划下的种种极限与人口过剩的阴影始终挥之不去，除非这些极限能通过技术变革得以超越。

我们需要新的隐喻来指导我们转向一个技术先进、生物多样的未来。我曾经提议，"全球社会民主"应该与"使命导向型创新"及"脱离"对自然生态系统的依赖一道，共同构成生态现代主义的核心隐喻。此外，艾玛·马里斯（Emma Marris 2013）将未来的地球描述为一座"喧闹的花园"，霍利·吉恩·巴克（Holly Jean Buck 2015）提出，通过"恢复"和"打造"亲自然[2]城市、实践"行星园艺"（planetary gardening）[3]理念，我们仍有可能打造"鸟语花香的人类世"。我认为这些也都是描绘未来的可行方式。

生态现代主义、创新与异端邪说

我写这本书所抱的宗旨是研究生态现代主义、环境保护主义与其他政治传统之间的关系，并思考出一套能最好地应对气候危机的政治方案。当然，并不存在唯一理想的气候政治，不同地区的社群对气候威胁的体验与理解也不尽相同。因此，将气候危害归咎于上层精英的腐败、社会制度的傲慢以及与自然的疏离，并不能真正帮助我们解决问题。恰恰相反，气候变化应该被看作是人类活动无意中造成的附带后果，而我们的回应应该尽可能科学、民主，并具备全球格局。同样，像太阳能地球工程这样的干预措施也应该得到仔细、民主的审议，而不是被想当然地拒之门外。对绿色文化价值观的批判疏远了许多环保人士，绿色主义的许多支持者相信，我们的资本主义社会与自然的疏离才是气候变化的根本原因。生态现代主义呼吁人们有意地与自然进一步"分离"，更加聚焦于与公益相关的创新，并加大技术应用力度，这使绿色主义者惊恐万分。

最早以一本书的体量阐述生态现代主义思想的可能要追溯到马丁·刘易斯的《绿色幻想》(*Green Delusions*)，他在该书结论部分指出，"为了避免生态崩溃，并重建生态可持续的经济秩序"，环保运动"必须制定切实可行的计划和具体策略"（1994，第250页）。刘易斯继续推测，我们"最大的希望"可能要寄托在一种"联盟"之上，"其中温和的保守派继续坚持效率和谨慎，而自由派则将目标定在推动社会进步和环境保护上"（同上）。然而，在随后的数十年间，气候变化在美国已经被赋予了强烈的党派关联，让刘易斯的愿景在现在看来天真得让人绝望。无论是否定气候变化严重性的人，还是对可再生能源的固有优点言之凿凿，并将这种行为当作一种政治身份标志的人，我们很难相信他们当中能产生支持有效政策的稳定共识。可以肯定的是，尽管存在两极对立的政治文化，奥巴马政府总体上还是追求了技术中立[4]和以创新为重点的气候政策。然而，奥巴马政府的生态现代主义议程如今已经被以特朗普为首的右派和大部分左派活动家所拒绝（例如，伯尼·桑德斯将关停核电站的优先级别置于温室气体减排之上［Nordhaus 2016］）。

人们在气候变化这样抽象而影响深远的挑战面前产生歧见，也许并不令人惊讶，但一旦针对一个问题的意见变得两极化，僵局就很难化解。在气候变化问题上，这种两极分化是精心谋划的结果，既得利益者蓄意为气候变化否定论与科学谬谈推波助澜。这并非绿色运动的罪过，但倡导采取大规模缓解措施的生态现代主义者必须要克服这样的困局，赢得广泛支持，而绿色运动令人遗憾地坚持认为，气候行动必须与绿色文化价值观相一致，结果只会进一步扩大分歧裂痕。如果保守派人士被告知，气候应对措施中将不会采取他们通常偏好的那些零碳技术，如核电和水电，那么他们也就更容易对绿色主张说不。

本书特地将"绿色人士"与其他进步人士（主要是生态现代主义者）就气候变化问题作了鲜明的对比。当然，许多人同时接受绿色主义和科学理想，将这二者整合到一起的发展路径对他们会更有吸引力，社会将不可避免地采取一些折中的办法。然而，绿色主义在自然面前的畏葸不前与地方主义冲动会破坏人类对气候缓解、平等和发展的追求，阐明这一点在我看来至关重要，也正是基于这一意图，我才在生态现代主义与绿色主义之间划了一道清晰的界线。我的希望是，如果在人们眼中，减缓气候变化的努力与追求绿色价值之间能够再有些微不同，政治上的两极分化就有机会得到减轻，也许还会有更广泛的联盟来支持耗资更巨的气候行动。

鉴于气候变化是一项面向全球的长期挑战，政策目标的明确性就尤其重要。碳排放的全面影响要延迟约十年后才能显现，而且地方政策对全球的碳排效应只能造成极微小的影响，因此政策制定者很容易从减排的目标上分心，转向其他看起来更急迫的问题。这就是为什么生态现代主义者经常谴责德国的"能源转型"（*Energiewende*）政策，该政策决定关闭零碳排的核电厂，同时继续使用高碳排的褐煤和硬煤，甚至建设新的煤电厂。这就是"绿色"（地方）政策的一个明显案例，正在给全球气候带来不利影响。同样的脱节现象也发生在个人层面。相较于建设零碳核电网、研发合成牛奶和肉类，或投资于合成喷气燃料等社会性选择，在院子里种植蔬菜、在屋顶安装太阳能电池板（即使是由柴油发电机支持的）等家庭实践更能带给人"绿色"之感。然而，能将气候危害降到最小的正是对集体零碳排技术的有意选择，而非自给自足的田园美学。

本书的一个基本论点是，低碳创新必须成为气候政策的核心。这绝不是什么新颖的主张，学者、经济报告和科学团体（如 Prins 和 Rayner 2007）曾多次提出聚焦于创新的气候对策。他们的观点很少遭到反驳；恰恰相反，它们在很大程度上是因为无人问津才惨遭失败。"零碳创新"没能吸引气候行动的支持者，原因在于其不符合环境转型的绿色概念。同时，国家若投资于使命导向型创新，便与主流的经济意识形态相冲突。因此，以创新为重点的气候战略从未得到过大规模实施。

零碳创新可能只是一个过于抽象的想法。似乎任何听说过生态现代主义的人都记得这个词代表的是"亲核的环保主义者"，但很少有人记得生态现代主义最急迫、最务实的主张——国家指导下的低碳创新必须成为我们气候对策的核心。或许这个主张太单调沉闷，无法吸引公众的关注。如果真是这样，卡勒斯托斯·朱玛可能言之有理，他认为人类社会的前途命运取决于政治领导层的能力，也就是备受指责的精英群体，他们通过规划"新的道路，并同时维持连续性、社会秩序与稳定性"（Juma 2016，第 7 页）来平衡创新与守成之间的内在紧张关系。然而，这根本不是任何一种政治上的"领导"，而需要我们编织出一个动人的故事，为全球挑战与人类共同利益争取到国内社群的持续支持。

社会民主的气候对策

社会民主体现的主张是，未来的道路应经过深思熟虑，以民主的方式被选择和塑造，以服务于某些集体利益，而不是从市场的无序运作中产生。从历史上看，社会民主主义同时也具备社群主义的特征，并根植于具体的国家规划项目中。由于气候变化是一个全球性过程，超越了任何单一的民主社群边界，气候政策往往希望激发起全球的团结精神，而非对各自国家的忠诚。不过，我们可以利用民主赋予的权力，转变资本主义经济能量的释放方向，帮助增加公共产品的供给，这就是一个典型的社会民主立场。生态现代主义还捍卫主权国家在能源和环境政策方面的自决权，这一点也与社会民主政治的理念相一致。然而，我认为，生态现代主义还应更进一步，将全球社会民主作为组织性的隐喻。这主要是因为，在气候危害日益严重的时代，如果全球还没有普及最基本水平的社会福利，就不可能实现生态现代主义提出的人类普遍发展这一目标。我还认为，要想反映更广大弱势群体的利益，而非仅仅关注主导全球公民社会的富裕群体的文化偏好，关于气候工程和其他形式地球系统治理的决策就需要民主化。

虽然全球社会民主具有明显的吸引力，但其可行性似乎值得怀疑。最具挑战性的问题是，相较于其他气候方案，生态现代主义可能会采取较激进的再分配手段，这样一个方案需要建立在国际团结的基础上，而这种团结该如何培植？对于这个问题，我无法给出有把握的回答。在可预见的未来，国家社会将仍然是政治团结的最有效来源，出于这个原因，如果我们能努力使决策者将向全球提供公共产品定为一项本国的政治目标，国际团结的培育将更见效。也就是说，我们应当在国家政治与政策制定中使用全球社会民主的隐喻，以鼓励公众参与到像"创新使命"这样的国际倡议中，并抓住时机推动社会福利的全球化。我之前已经指出大国竞争如何促使国家优先考虑创新，以及其中一些创新项目如何带来了其最初应用目的之外的社会效益。"保护责任"准则的近期发展也反映了全球团结的广泛势头。事实证明，为了应对全球挑战，各国至少能够有限地联合起来，作出群体性回应。

生态现代主义者指出，过去半个世纪里人类取得了惊人的进步，这一点毋庸置疑；而他们认为在一颗变暖的星球上，人类的普遍繁荣仍有实现的希望，这一点也可能是真知灼见。然而，鉴于我们这个时代所特有的深重不公、不平等与生态灾难，一个"美美与共"或"鸟语花香"的人类世似乎只是镜花水月而已。现在在政治上占优势的是民粹的地方主义，而不是进步的全球主义。梅拉·南达在其关于印度教民族主义的里程碑式研究中警告称（2003，xvi），如果左翼的反启蒙运动成功切断了科学与进步的世俗政治之间的历史关联，他们可能会"无意中助长反动现代主义[5]的丑恶现象"。气候变化只是放大了这种风险。然而对于第一世界的大多数人来说，气候变化要么是一个无足轻重的抽象概念，要么是一场远在天边的灾难，因而西方社会对气候变化的反应主要是摆出道德姿态，并提出一些小规模、地方性的气候倡议。生态现代主义者以人类普遍繁荣与环境关切的名义，要求我们在更大的格局上思考。如果要实现 80 亿人在一个生机盎然的星球上共同享受中等繁荣程度的生活，能源生产必须快速扩大，而碳排放也必须同时减少至零。我们似乎不可能依靠一项自觉的"生态现代主义"议程积聚足够的力量来实现这一目标。然而，通过审视关于极限的隐喻，倡导更大胆、更系统的全球气候对策，生态现代主义可能会对催生出一套更为有效的气候政治体系有所帮助。

1 此处及下段对桑塔格引述的译文均选取自上海译文出版社 2003 年版《疾病的隐喻》，译者程巍，有改动。
2 原文中的 biophilic，意为亲生命的、亲自然的，源自爱德华·威尔森（Edward O. Wilson）在其 1984 年的著作《亲生命性》（*Biophilia*）中提出的"亲生命假说"（biophilia hypothesis），将"亲生命性"定义为"与其他生命形式相接触的欲望"。
3 "行星花园"（planetary garden）的概念来自法国植物学家吉尔斯·克莱门特（Gilles Clément）。他将地球比作一座行星花园，而人类则承担园丁的职责，在花园这一浓缩的微观环境中探讨人与自然的互动。克莱门特的论述见 Clément, Gilles（2015）. *The Planetary Garden and Other Writings*. University of Pennsylvania Press.
4 技术中立（technology neutrality）指个人和组织可以自由选择最需要和适合其开发、获取、使用或商业化需求的技术，而不受限于对信息或数据的知识依赖。2021年，7 位欧盟国家领导人致信欧盟委员会主席，呼吁所有零排放和低排放技术都能践行技术中立原则，并认为这对 2050 年实现气候中和至关重要。
5 反动现代主义（reactionary modernism）这一术语出自杰弗里·赫尔夫（Jeffery Herf）于 1984 年出版的《反动现代主义：魏玛共和国和第三帝国的技术、文化和政治》(*Reactionary Modernism*: *Technology*, *Culture and Politics of Weimar and the Third Reich*)一书,用来描述法西斯主义,指在拥抱现代技术的同时反对启蒙运动,拒绝自由民主的政治制度与价值观。

参考文献

Acemoglu, D. 2002. Directed technical change. *The Review of Economic Studies*, 69(4).

Adorno, T. W. and Horkheimer, M. 1979. *Dialectic of Enlightenment*. tr. Cumming, J., Verso.

Aklin, M. and Urpelainen, J. 2018. *Renewables: The Politics of a Global Energy Transition*. MIT Press.

Andersson, J. 2009. *The Library and the Workshop: Social Democracy and Capitalism in the Knowledge Age*. Stanford University Press.

Ang, B. W. and Su, B. 2016. Carbon emission intensity in electricity production: A global analysis. *Energy Policy*, 94.

Applegate, P. J. and Keller, K. 2015. How effective is albedo modification(solar radiation management geoengineering) in preventing sea-level rise from the Greenland ice sheet? *Environmental Research Letters*, 10. 8: 084018.

Arias-Maldonado, M. 2016. *Real Green: Sustainability after the End of Nature*. Routledge.

Asafu-Adjaye, J., Blomquist, L., Brand, S., Brook, B. W., DeFries, R., Ellis, E., Foreman, C., Keith, D., Lewis, M., Lynas, M. and Nordhaus, T. 2015. *An Ecomodernist Manifesto*. http://www.ecomodernism.org/manifesto-english/

Atkinson, R., Chhetri, N., Freed, J., Galiana, I., Green, C., Hayward, S., Jenkins, J. et al. 2011. Climate Pragmatism: innovation, resilience and no regrets. The Hartwell analysis in an American context. The Hartwell Group. https://thebreakthrough.org/blog/Climate _Prag ma tısm _web.pdf

Atun, R., Silva, S. and Knaul, F. M. 2017. Innovative financing instruments for global health 2002–15: a systematic analysis. *The Lancet Global Health*, 5(7).

Ausubel, J. H. 1996. Can technology spare the earth? *American Scientist*, 84(2).

Bala, G. and Gupta, A. 2017. Geoengineering and India. *Current Science*, 113(3).

Ball, J. 2018. Why carbon pricing isn't working: Good idea in theory, failing in practice. *Foreign Affairs*, 97(134). https://www.foreignaffairs.com/articles/world/2018-06-1 4/why -carbon-pricing-isnt-working?cid =otr-author-why_carbon_ pricing_isnt_working-061418

Barmann, J. 2016. Dozens of pro-nuclear protesters march to resist Diablo Canyon Closure. *SFist*, 24 June. http://sfist.com/2016/06/24/dozens_of_pro-nuclear_protesters_ma.php

Battistoni, A. 2015. How to change everything. *Jacobin*. https://www.jacobinmag.com/2015/12/naomi-klein-climate-change-this-changes-everything-cop21

Bauman, Z. 2000. *Modernity and the Holocaust*. Cornell University Press.

Bazilian, M. D. 2015. Power to the poor: Provide energy to fight poverty. *Foreign Affairs*, 94.

Beck, U. 2006. Living in the world risk society: A Hobhouse Memorial Public Lecture given on Wednesday 15 February 2006 at the London School of Economics. *Economy and Society*, 35(3).

Bedjaoui, M. 1979. *Towards a New International Economic Order*. Holmes and Meier.

Berkowitz, R., Callen, M. and Dworkin, R. 1983. *How to Have Sex in an Epidemic: One Approach*. News From the Front Publications. https://joeclark.org/dossiers/howtohavesexinanepidemic.pdf

Berman, S. 2006. *The Primacy of Politics: Social Democracy and the Making of Europe's Twentieth Century*. Cambridge University Press.

Bernstein, J. and Szuster, B. 2018. Beyond unidimensionality: Segmenting contemporary pro-environmental worldviews through surveys and repertory grid analysis. *Environmental Communication* 12(8).

Block. F. 2011. Daniel Bell's prophecy. *Breakthrough Journal* Summer. https://thebreak through.org/index.php/journal/past-issues/issue-1/daniel-bells-prophecy

Block. F. 2018. Seeing the State. *Breakthrough Journal*. https://thebreakthrough.org/index.php/journal/no.-9-summer-2018/seeing-the-state

Bookchin, M. 1989. *Remaking Society* (Vol. 23). Black Rose Books.

Boucher, O., Randall, D., Artaxo, P., Bretherton, C., Feingold, G., Forster, P., Kerminen, V. M., Kondo, Y., Liao, H., Lohmann, U., Rasch, P., Satheesh, S. K., Sherwood, S., Stevens, B. and Zhang, X. Y. 2013. Clouds and aerosols. In *Climate Change 2013: The Physical Science Basis. Contribution of Working Group I to the Fifth Assessment Report of the Intergovernmental Panel on Climate Change*. Stocker, T. F., Qin, D., Plattner, G. K., Tignor, M., Allen, S. K., Boschung, J., Nauels, A., Xia, Y., Bex, V. and Midgley, P. M.(eds). Cambridge University Press.

B. P. Global. 2018. BP statistical review of world energy. 2017. https://www.bp.com/en/global/corporate/energy-economics/statistical-review-of-world-energy.html

Bradshaw, S. 2015. *Powering Up Against Poverty, Why Renewable Energy in the Future*. Oxfam. https://www.oxfam.org.au/wp-content/uploads/2015/07/coal_report_lowres _web2. pdf

Bramwell, A. 1990. *Ecology in the 20th Century: A History*. Yale University Press.

Brand, S. 2009. *Whole Earth Discipline*. Atlantic Books Ltd.

Break through Energy Coalition. 2018. http://www.b-t.energy/

Bronner, S. 2006. *Reclaiming the Enlightenment: Toward a Politics of Radical Engagement*. Columbia University Press.

Brook, B. W., Edney, K., Hillerbrand, R., Karlsson, R. and Symons, J. 2016. Energy research within the UNFCCC: A proposal to guard against ongoing climate-deadlock. *Climate Policy*, 16(6).

Brookes, G., Taheripour, F. and Tyner, W. E. 2017. The contribution of glyphosate to agriculture and potential impact of restrictions on use at the global level. *GM Crops and Food*, 8(4).

Brundtland, G. H. 1987. *Report of the World Commission on Environment and Development: "Our Common Future"*. United Nations.

Buck, H. J. 2015. On the possibilities of a charming Anthropocene. *Annals of the Association of American Geographers*, 105(2).

Bull, H. 1979. The State's positive role in world affairs. *Daedalus*, 108(4).

Bush, V. 1945. *Science–The Endless Frontier*. US Government Printing Office.

Bush, G.W. 2003. *Iraq War Ultimatum Speech*. Washington, DC, 18 March 2003.

Busro, Z. M. 2017. Burning and/or sinking foreign fishing vessels conducting illegal fishing in Indonesia. *Asia-Pacific Journal of Ocean Law and Policy*, 2(1).

Cao, J., Cohen, A., Hansen, J., Lester, R., Peterson, P. and Xu, H. 2016. China–US cooperation to advance nuclear power. *Science*, 353(6299).

Carr, E. H. 2001. *The Twenty Years' Crisis 1919–1939: An Introduction to the Study of International Relations*. Macmillan.

Carson, R. 1962. *Silent Spring*. Houghton Mifflin.

Carvalho, D. O., McKemey, A. R., Garziera, L., Lacroix, R., Donnelly, C. A., Alphey, L. et al. 2015. Suppression of a field population of *Aedes aegypti* in Brazil by sustained release of transgenic male mosquitoes. *PLoS Negl Trop Dis*, 9(7).

Cass, O. 2018. *Testimony of Oren M. Cass before the House Committee on Science, Space, and Technology*. 16 May 2018 https://www.manhattan-institute.org/sites/default/files/Cass-Testimony May2018.pdf

Chancel, L. and Piketty, T. 2015. *Carbon and Inequality from Kyoto to Paris: Trends in the Global Inequality of Carbon Emissions(1998–2013) and Prospects for an Equitable Adaptation Fund*. Paris School of Economics. http://piketty.pse.ens.fr/files/ChancelPiketty2015.pdf

Charbit. Y. 2009. Capitalism and population: Marx and Engels against Malthus. In *Economic, Social and Demographic Thought in the XIXth Century*. Springer.

Chen, G., Huang, S. and Hu, X. 2018. Backpacker personal development, generalized self-efficacy, and self-esteem: Testing a structural model. *Journal of Travel Research*. https://doi.org/10.1177/0047287518768457

Chibber, V. 2014. *Postcolonial Theory and the Specter Of Capital*. Verso Books.

Clack, C. T., Qvist, S. A., Apt, J., Bazilian, M., Brandt, A. R., Caldeira, K., Davis, S. J., Diakov, V., Handschy, M. A., Hines, P. D. and Jaramillo, P. 2017. Evaluation of a proposal for reliable low-cost grid power with 100% wind, water, and solar. *Proceedings of the National Academy of Sciences*, 114(26).

Collard, R. C., Dempsey, J. and Sundberg, J. 2015. A manifesto for abundant futures. *Annals of the Association of American Geographers*, 105(2).

Cowan, R. 1990. Nuclear power reactors: A study in technological lock-in. *The Journal of Economic History*, 50(3).

Cox, R. W. 1983. Gramsci, hegemony and international relations: An essay in method. *Millennium*, 12(2).

Crist, E. 2015. The reaches of freedom: A response to an ecomodernist manifesto. *Environmental Humanities*, 7(1).

Crutzen, P. and Stoermer, E. 2000. The "Anthropocene". *Global Change Newsletter*, 41(2000).

Cullather, N. 2014. Stretching the surface of the earth: The foundations, neo-Malthusianism and the modernising agenda. *Global Society*, 28(1).

Danforth, W. H. 1991. *The AIDS Research Program of the National Institutes of Health*. National Academies, 1991. Ch. 4. Available: http://www.ncbi.nlm.nih.gov/books/NBK234085/

Davis, Steven J., Lewis, Nathan S., Shaner, Matthew, Aggarwal, Sonia, Arent, Doug, Azevedo, Inês L., Benson, Sally M. et al. 2018. Net-zero emissions energy systems. *Science* 360(6396).

Davis, S. J., Lewis, N. S. and Caldeira, K. 2017. Achieving a near-zero carbon emissions energy system. *Eos*, 98. https://doi.org/10.1029/2017EO064017

de Castro, C. and Capellán-Pérez, I. 2018. Concentrated solar power: Actual performance and foreseeable future in high penetration scenarios of renewable energies. *BioPhysical Economics and Resource Quality*, 3(3).

DeFrancesco, L. 2013. How safe does transgenic food need to be? *Nat. Biotechnology*, 31.

DeFries, R. 2014. *The Big Ratchet: How Humanity Thrives in the Face of Natural Crisis*. Basic Books.

Desai R. 2015. Social policy and the elimination of extreme poverty. In L. Chandy, H. Kato and H. Kharas, eds, *The Last Mile in Ending Extreme Poverty*. Brookings Institution Press.

DeSombre, E. 2000. *Domestic Sources of International Environmental Policy*. MIT Press.

Diamond, J. 2005. *Collapse*. Viking.

Dobson, A. 2007. *Green Political Thought*. 4th edn. Routledge.

Dryzek, J. S. 2013. *The Politics of the Earth: Environmental Discourses*. 3rd edn. Oxford University Press.

Eckersley, R. 1992. *Environmentalism and Political Theory: Toward an Ecocentric Approach*. Suny Press.

Eckersley, R. 2004. *The Green State: Rethinking Democracy and Sovereignty*. MIT Press.

Economist. 2018(26 April). Universal health care, worldwide, is within reach. *The Economist Group*. https://www.economist.com/news/leaders/21741138-case-it-powerful-oneincluding-poorcountries-universal-health-care-worldwide

Edler, J. and Georghiou, L. 2007. Public procurement and innovation: Resurrecting the demand side. *Research Policy*, 36.

Ehrlich, P. 1968. *The Population Bomb*. Ballantine Books.

France, D. 2016. *How to Survive a Plague: The Story of How Activists and Scientists Tamed AIDS*. Picador Books.

Frank, T. 2016. *Listen, Liberal: Or, Whatever Happened to the Party of the People?* Macmillan.

Fremaux, A. and Barry, J. 2019. The "good Anthropocene" and green political theory: Rethinking environmentalism, resisting ecomodernism. In F. Biermann and E. Lövbrand, eds, *Anthropocene Encounters. New Directions in Green Political Thinking*. Cambridge University Press.

Fuentes-George, K. 2017. Consensus, certainty, and catastrophe: Discourse, governance, and ocean iron fertilization. *Global Environmental Politics*, 17(2).

Gates, B. 2015. Energy innovation: Why we need it and how to get it. *Breakthrough Energy Coalition*.

Garnaut, R. 2008. *The Garnaut Climate Change Review*. Cambridge University Press. http://garnautreview.org.au/

Geden, O. 2016. The Paris Agreement and the inherent inconsistency of climate policy-making. *Wiley Interdisciplinary Reviews: Climate Change*, 7(6).

Gerasimova, K. 2016. Debates on genetically modified crops in the context of sustainable development. *Science and Engineering Ethics*, 22(2).

Gilbert, D. 2006. If only gay sex caused global warming. *Los Angeles Times*, 2.

Gilman, N. 2015. The new international economic order: A reintroduction. *Humanity: An International Journal of Human Rights, Humanitarianism, and Development*, 6(1).

Goldman, M. 2005. *Imperial Nature: The World Bank and Struggles for Social Justice in the Age of Globalization*. Yale University Press.

Golub, P. S. 2013. From the new international economic order to the G20: How the "global south" is restructuring world capitalism from within. *Third World Quarterly*, 34(6).

Gore, A. 2007. *The Assault on Reason*. Bloomsbury.

Gottlieb, R. 2005. *Forcing the Spring: The Transformation of the American Environmental Movement*. Island Press.

Grant, R.W. 2011. *Strings Attached: Untangling the Ethics of Incentives*. Princeton University Press.

Greenpeace International, 2015. *Why our Food and Farming System is Broken*. https://www.greenpeace.org/archive-international/en/campaigns/agriculture/problem/

Haas P. M. 1992. Banning chlorofluorocarbons: Epistemic community efforts to protect stratospheric ozone. *International Organization*, 46.

Hamilton, C. 2010. *Requiem for a Planet*. Earthscan.

Hamilton, C. 2013. *Earthmasters: The Dawn of the Age of Climate Engineering*. Yale University Press.

Hamilton, C. 2015. The technofix is in: A critique of "An Ecomodernist Manifesto". *Earth Island Journal*, 21. http://www.earthisland.org /journal/index.php/elist/eListRead/the_technofix_ is _in/

Hansen, J. et al. 2008. Target atmospheric CO_2: Where should humanity aim? *The Open Atmospheric Science Journal*, 2. doi:10.2174/1874282300802010217

Hansen, J. et al. 2016. Young people's burden: Requirement of negative CO_2 emissions. *arXiv:1609.05878*.

Hardin, G. 1968. The tragedy of the commons. *Science*, 162.

Hardin, G. 1974. Lifeboat ethics: The case against helping the poor. *Psychology Today*, September. http://www.garretthardinsociety.org/articles/art_lifeboat_ethics_ case_ against_ helping_poor.html

Hartmann, B. 1997. Population control I: Birth of an ideology. *International Journal of Health Services*, 27(3).

Harvey, D. 2003. *The New Imperialism*. Oxford University Press.

Hasan, M. 2018. Dear Bashar al-Assad apologists: Your hero is a war criminal even if he didn't gas Syrians. *The Intercept*, 20 April. https://theintercept.com/2018/04/19/dear-bashar-al-assad-apologists-your-hero-is-a-war-criminal-even-if-he-didnt-gas-syrians/

Herold, N., Alexander, L., Green, D. and Donat, M. 2017. Greater increases in temperature extremes in low versus high income countries. *Environmental Research Letters*, 12(3).

Herring, R. and Paarlberg, R. 2016. The political economy of biotechnology. *Annual Review of Resource Economics*, 8.

Hesketh, T., Zhou, X. and Wang, Y. 2015. The end of the one-child policy: Lasting implications for China. *Jama*, 314(24).

Hiltzik, M. 2010. *Colossus: Hoover Dam and the Making of the American Century*. Simon and Schuster.

Horton, J. B., Reynolds, J. L., Buck, H. J., Callies, D., Schäfer, S., Keith, D. W. and Rayner, S. 2018. Solar geoengineering and democracy. *Global Environmental Politics*, 18(3).

Hulme, M. 2014. *Can Science Fix Climate Change? A Case Against Climate Engineering*. John Wiley and Sons.

ICISS. 2001. International Commission on Intervention, State Sovereignty and International Development Research Centre(Canada). *The Responsibility to Protect: Report of the International Commission on Intervention and State Sovereignty*. IDRC.

IPCC. 2014a [core writing team, R. K. Pachauri and L. A. Meyer(eds)]. *Climate Change 2014: Synthesis Report, contribution of Working Groups I, II and III to the Fifth Assessment Report of the Intergovernmental Panel on Climate Change(2014)*, IPCC, Geneva, Switzerland. Table 2.2. https://www.ipcc.ch/pdf/assessment-report/ar5/syr/SYR_AR5_ FINAL_ full _w cover.pdf

IPCC. 2014b [O. Edenhofer, R. Pichs-Madruga, Y. Sokona, E. Farahani, S. Kadner, K. Seyboth, A. Adler, I. Baum, S. Brunner, P. Eickemeier, B. Kriemann, J. Savolainen, S. Schlömer, C. von Stechow, T. Zwickel and J. C. Minx(eds)]. Summary for Policy-makers. In *Climate Change 2014: Mitigation of Climate Change: Contribution of Working Group III to the Fifth Assessment Report of the Intergovernmental Panel on Climate Change*. Cambridge University Press.

IPCC. 2014c: Annex II: Glossary [K. J. Mach, S. Planton and C. von Stechow(eds)]. In *Climate Change 2014: Synthesis Report. Contribution of Working Groups I, II and III to the Fifth Assessment Report of the Intergovernmental Panel on Climate Change* [Core Writing Team, R. K. Pachauri and L. A. Meyer(eds)]. IPCC, Geneva, Switzerland. http://www.ipcc. ch/pdf/ assessment-report/ar5/syr/AR5_SYR_FINAL_Annexes.pdf

IPCC. 2018 [Myles Allen(UK) Global warming of 1.5 °C, an IPCC special report on the impacts of global warming of 1.5 °C above pre-industrial levels and related global greenhouse gas emission pathways, in the context of strengthening the global response to the threat of climate change, sustainable development, and efforts to eradicate poverty]. IPCC, Geneva, Switzerland, http://www.ipcc.ch/report/sr15/

Inhofe, J. M. 2012. *The Greatest Hoax: How the Global Warming Conspiracy Threatens Your Future*. WND Books.

International Energy Agency(IEA). 2013. Tracking clean energy progress: IEA input to the Clean Energy Ministerial. http://www.iea.org/publications/tcep_web.pdf

International Energy Agency(IEA). 2018. Tracking clean energy progress. http://www.iea. org/tcep/

Ito, A. 2013. Global modeling study of potentially bioavailable iron input from shipboard aerosol sources to the ocean. *Global Biogeochemical Cycles*, 27(1).

Jacobs, M., Lent A. and Watkins, K. 2003. *Progressive Globalisation: Towards International*

Social Democracy. Fabian Society.

Jacobson, M. Z., Delucchi, M. A., Bauer, Z. A., Goodman, S. C., Chapman, W. E., Cameron, M. A., Bozonnat, C., Chobadi, L., Clonts, H. A., Enevoldsen, P. and Erwin, J. R. 2017. 100% clean and renewable wind, water, and sunlight all-sector energy roadmaps for 139 countries of the world. *Joule*, 1(1).

Janos P., Scharf, C. and Schmidt. K. U. 2017. How to govern geoengineering? *Science*, 21. 357(Jul), Issue 6348: 231; DOI 10.1126/science.aan6794

Jenkins, J., Devon, S., Borofsky, Y., Aki, H., Arnold, Z., Bennett, G., Knight, C. et al. 2010. Where good technologies come from: Case studies in American innovation. *Breakthrough Institute,* 5 December.

Juma, C. 2016. *Innovation and its Enemies: Why People Resist New Technologies*. Oxford University Press.

Kahan, D. M. 2015. The politically motivated reasoning paradigm, part 1: What politically motivated reasoning is and how to measure it. *Emerging Trends in the Social and Behavioral Sciences: An Interdisciplinary, Searchable, and Linkable Resource*. John Wiley and Sons. pp. 1–16.

Kahan, D. M. and Corbin, J. C. 2016. A note on the perverse effects of actively open-minded thinking on climate-change polarization. *Research and Politics*, 3(4).

Karlsson, R. 2013. Ambivalence, irony, and democracy in the Anthropocene. *Futures*, 46.

Karlsson, R. 2016. Three metaphors for sustainability in the Anthropocene. *The Anthropocene Review*, 3(1).

Karlsson, R. 2017. The environmental risks of incomplete globalization. *Globalizations*, 14(4).

Kealey, T. and Nelson, R. 1996. *The Economic Laws of Scientific Research*. Macmillan.

Kennedy, A. 2015. Powerhouses or pretenders? Debating China's and India's emergence as technological powers. *The Pacific Review*, 28(2).

Kim, J. Y. 2017. High-Level Session Opening Remarks by World Bank Group President Jim Yong Kim. *The World Bank*. Dec. 12. http://www.worldbank.org/en/news/speech/2017/12/12/highlevel-session-opening-remarks-by-world-bank-group-presidentjim-yong-kim

Klein, N. 2007. *The Shock Doctrine: The Rise of Disaster Capitalism*. Macmillan.

Klein, N. 2015. *This Changes Everything: Capitalism vs. The Climate*. Simon and Schuster.

Kloor, K. 2012. The great schism in the environmental movement. *Salon*, 12 Dec. http://www.slate.com/articles/health_and_science/science/2012/12/modern_green_movement_eco_pragmatists_are_ challenging_traditional_environmentalists.single.html

Klümper, W. and Qaim, M. 2014. A meta-analysis of the impacts of genetically modified crops. *PloS one*, 9(11).

Kouser, S. and Qaim, M. 2011. Impact of Bt Cotton on pesticide poisoning in smallholder agriculture: A panel data analysis. *Ecological Economics*, 70(11).

Kravitz, B., MacMartin, D. G., Robock, A., Rasch, P. J., Ricke, K. L., Cole, J. N. S., Curry, C. L. et al. 2014. A multi-model assessment of regional climate disparities caused by solar geoengineering. *Environmental Research Letters*, 9. 7.

Kurtz, L. R. 1983. The politics of heresy. *American Journal of Sociology* 88(6). https://doi-org.simsrad.net.ocs.mq.edu.au/10.1086/227796

Lachapelle, E., MacNeil, R. and Paterson, M. 2017. The political economy of decarbonisation: From green energy "race" to green "division of labour". *New Political Economy*, 22(3).

Lai, J. 2012. *Financial Crisis and Institutional Change in East Asia*. Springer.

Lamb, W. F. and Rao, N. D. 2015. Human development in a climate-constrained world: what the past says about the future. *Global Environmental Change*, 33.

Lang, P. A. 2017. Nuclear power learning and deployment rates: Disruption and global benefits forgone. *Energies*, 10(12).

Latour, B. 2011. Love your monsters. *Breakthrough Journal*, 2(11).

Lavery, T. J., Roudnew, B., Gill, P., Seymour, J., Seuront, L., Johnson, G., Mitchell, J. G. and Smetacek, V. 2010. Iron defecation by sperm whales stimulates carbon export in the Southern Ocean. *Proceedings of the Royal Society of London B: Biological Sciences*.

Leiss, William. 1978. *The Limits to Satisfaction: On Needs and Commodities*. Marion Boyars.

Levine, R. and "The What Works Working Group" with Molly Kinder. 2004. Millions saved: Proven successes in global health. Center for Global Development.

Lewis, M. W. 1994. *Green Delusions: An Environmentalist Critique of Radical Environmentalism*. Duke University Press.

Lewis, M. W. 1993. On human connectedness with nature. *New Literary History*, 24(4).

Little, A. and Macdonald, K. 2013. Pathways to global democracy? Escaping the statist imaginary. *Review of International Studies*, 39. 4.

Long, J. 2017. Coordinated action against climate change: A new world symphony. *Issues in Science and Technology*, 33(3). http://issues.org/33-3/coordinated-action-against-climate-change a-new-world-symphony/

Lynas, M. 2018. *Seeds of Science: Why We Got It So Wrong On GMOs*. Bloomsbury Publishing.

McDonnell, J. 2017. Speech to IPPR conference, Tuesday 14 November 2017. https://labour.org.uk/press/john-mcdonnellspeech-to-ippr-conference/

Macy, J. 1991. *Greening of the Self*. Parallax Press.

Maher, B. 2018. Why policymakers should view carbon capture and storage as a stepping-stone to carbon dioxide removal. *Global Policy*, 9(1).

Malthus, T. R. 1888. *An Essay on the Principle of Population: Or, A View of its Past and Present*

Effects On Human Happiness. Reeves and Turner.

Mann, C. C. 2018. *The Wizard and the Prophet: Two Ground-breaking Scientists and Their Conflicting Visions of the Future of Our Planet*. Pan Macmillan.

Markandya, A. and Wilkinson, P. 2007. Electricity generation and health. *The Lancet*, 370(9591).

Marris, E. 2013. *Rambunctious Garden: Saving Nature in a Post-Wild World*. Bloomsbury Publishing USA.

Marris, E. 2013. Humility in the Anthropocene. In *After Preservation: Saving American Nature in the Age of Humans*. University of Chicago Press.

Marris E. 2017. Can we love nature and let it go? *Breakthrough Journal*. https://thebreakthrough.org/index.php/journal/past-issues/issue-7/can-we-love-nature-and-let-it-go

Mazdiyasni, O., AghaKouchak, A., Davis, S. J., Madadgar, S., Mehran, A., Ragno, E., Sadegh, M., Sengupta, A., Ghosh, S., Dhanya, C. T. and Niknejad, M. 2017. Increasing probability of mortality during Indian heat waves. *Science Advances*, 3(6).

Mazur, C., Contestabile, M., Offer, G. J. and Brandon, N. P. 2015. Assessing and comparing German and UK transition policies for electric mobility. *Environmental Innovation and Societal Transitions*, 14.

Mazzucato, M. 2015. *The Entrepreneurial State: Debunking Public vs. Private Sector Myths*. Anthem Press.

Mazzucato, M. and Semieniuk, G. 2017. Public financing of innovation: New questions. *Oxford Review of Economic Policy*, 33(1).

Meyer, W. B. 2016. *The Progressive Environmental Prometheans: Left-Wing Heralds of a "Good Anthropocene"*. Springer.

Milanovic, B. 2011. *Worlds Apart: Measuring International and Global Inequality*. Princeton University Press.

Miller, D. 2012. *Consumption and its Consequences*. Polity.

Mingardi, A. 2015. A critique of Mazzucato's entrepreneurial state. *Cato Journal*, 35.

Monbiot G. 2015. Meet the ecomodernists: Ignorant of history and paradoxically old-fashioned. *Guardian*. https://www.theguardian.com/environment/georgemonbiot/2015/sep/24/meet-the-ecomodernists-ignorant-of-history-and-paradoxically-old-fashioned

Morgan, M. G., Abdulla, A., Ford, M. J. and Rath, M. 2018. US nuclear power: The vanishing low-carbon wedge. *Proceedings of the National Academy of Sciences*, 115(28).

Morton O. 2015. *The Planet Remade: How Geoengineering Could Change the World*. Princeton University Press.

Moss, T. 2018a. Bravo to power Africa for moving up the energy ladder. *Center for Global Development*. https://www.cgdev.org/blog/bravo-power-africa-moving-energy-ladder

Moss, T. 2018b. On-grid or off-grid electricity? African consumers say...We want both. *Center for Global Development*. https://www.cgdev.org/blog/grid-or-grid-electricity-african-consumers-say-we-want-both

Najam, A. 2005. Developing countries and global environmental governance: From contestation to participation to engagement. *International Environmental Agreements: Politics, Law and Economics*, 5(3).

Nanda, M. 1995. Transnationalisation of Third World state and undoing of Green revolution. *Economic and Political Weekly*, PE20–PE30.

Nanda, M. 2003. *Prophets Facing Backwards: Post-Modern Critiques of Science and Hindu Nationalism in India*. Rutgers University Press.

Nelson, P. 1996. NGO Networks and the World Bank's expanding influence. *Millennium Journal of International Studies*, 25(3).

Nickerson, R. S. 1998. Confirmation bias: A ubiquitous phenomenon in many guises. *Review of general psychology*, 2(2).

Niebuhr, R. 1976. *Love and Justice*, edited by D. Robertson. Peter Smith.

Niemann, Michelle. 2017. Hubris and humility in environmental thought. In Ursula K. Heise, Jon Christensen and Michelle Niemann, eds, *The Routledge Companion to the Environmental Humanities*. Taylor and Francis.

Nisbet, M. C. 2014. Disruptive ideas: Public intellectuals and their arguments for action on climate change. *Wiley Interdisciplinary Reviews: Climate Change*, 5(6).

Nordhaus, T. and Shellenberger, M. 2004. *The Death of Environmentalism: Global Warming Politics in a Post-environmental World*.

Nordhaus, T. and Shellenberger, M. 2007. *Break Through: From the Death of Environmentalism to the Politics of Possibility*. Houghton Mifflin.

Nordhaus, T. 2016. Don't let the planet Bern. *USA Today*, 10 March. https://www.usatoday.com/story/opinion/2016/03/10/bernie-sanders-energy-plan-anti-emissions-reduction-nuclear-natural-gas-column/81500436/

Oakeshott, M. 1991. On being conservative. *Rationalism in Politics and Other Essays*. Liberty Press.

Obama, B. 2010. *State of the Union Address*, Jan. 28. http://edition.cnn.com/2010/POLITICS/01/27/sotu.transcript/index.html

O'Neill, D. W., Fanning, A. L., Lamb, W. F. and Steinberger, J. K. 2018. A good life for all within planetary boundaries. *Nature Sustainability*, 1(2).

Ostrom, E. 2012. Nested externalities and polycentric institutions: must we wait for global solutions to climate change before taking actions at other scales? *Economic Theory*, 49(2).

Ostrom, E. 2015. *Governing the Commons*. Cambridge University Press.

Paarlberg, R. 2010. *Food Politics*. Oxford University Press.

Palmer, G. 2014. Germany's Energiewende as a model for Australian climate policy? *Brave New Climate*. https://bravenewclimate.com/2014/06/11/germany-energiewendeoz-critical-review/

Park, S. 2005. Norm diffusion within international organizations: A case study of the World Bank, *Journal of International Relations and Development*, 8(2).

Parry, D. 2017. Naval Research Laboratory receives patent for carbon capture device–a key step in synthetic fuel production from seawater. *Phys.org*., Oct 10. https://phys.org/news/201710-nrl-patent-carbon-capture-devicea.html#jCp

Pascoe, B. 2014. *Dark Emu Black Seeds: Agriculture or Accident?* Magabala Books.

Pershing, A. J., Christensen, L. B., Record, N. R., Sherwood, G. D. and Stetson, P. B. 2010. The impact of whaling on the ocean carbon cycle: Why bigger was better. *PloS one*, 5(8).

Peters, G. P. 2018. Beyond carbon budgets. *Nature Geoscience*, 11(6).

Peters, G. P., Le Quéré, C., Andrew, R. M., Canadell, J. G., Friedlingstein, P., Ilyina, T., Jackson, R. B., Joos, F., Korsbakken, J. I., McKinley, G. A. and Sitch, S. 2017. Towards real-time verification of CO_2 emissions. *Nature Climate Change*, 7(12).

Pfeiffer, A., Hepburn, C., Vogt-Schilb, A. and Caldecott, B. 2018. Committed emissions from existing and planned power plants and asset stranding required to meet the Paris Agreement. *Environmental Research Letters*, 13(5).

Phillips, L. 2015. *Austerity Ecology and the Collapse-Porn Addicts: A Defence of Growth, Progress, Industry and Stuff*. John Hunt Publishing.

Pinker, S. 2018. *Enlightenment now: The case for Reason, Science, Humanism, and Progress*. Penguin.

Prashad, V. 2007. The Third World idea. *The Nation*, 4 June. https://www.thenation.com/article/third-world-idea/

Prashad, V. 2008. *The Darker Nations: A People's History of the Third World*. The New Press.

Prebisch, R. 1962. The economic development of Latin America and its principal problems. *Economic Bulletin for Latin America*.

Prins, G. and Rayner, S. 2007. Time to ditch Kyoto. *Nature*, 449(7165).

Pritzker, R. 2016. Recognizing India's Energy Independence. *Stanford Social Innovation Review*. https://ssir.org/articles/entry/recognizing_indias_energy_independence

Qvist, S. and Brook, B. 2015. Potential for worldwide displacement of fossil-fuel electricity by nuclear energy in three decades based on extrapolation of regional deployment data. *PLoS One*, 10(5): e0124074. doi:10.1371/journal.pone.0124074

Rajan, R. G. and Subramanian, A. 2008. Aid and growth: What does the cross-country evidence really show? *The Review of Economics and Statistics*, 90(4).

Randall, T. 2015. Fossil fuels just lost the race against renewables. *Bloomburg*, 15 April. https://www.bloomberg.com/news/articles/2015-04-14/fossil-fuels-just-lost-the-raceagainst-renewables

Rayner, S., Heyward, C., Kruger, T., Pidgeon, N., Redgwell, C. and Savulescu, J. 2013. The Oxford principles. *Climatic Change*, 121(3).

REN21. 2018. Global status report. *REN21 Secretariat, Paris*. http://www.ren21.net/wp-content/uploads/2018/06/17-8652_GSR2018_FullReport_web_final_pdf

Reynolds, J. 2014. Response to Svoboda and Irvine. *Ethics, Policy and Environment*, 17(2).

Ricke, K. L., Granger-Morgan, M. and Allen, M. R. 2010. Regional climate response to solar-radiation management. *Nature Geoscience*, 3(8).

Ricke, K. L., Moreno-Cruz, J. B. and Caldeira, K. 2013. Strategic incentives for climate geoengineering coalitions to exclude broad participation. *Environmental Research Letters*, 8(1).

Roberts, D. 2011. Why I've avoided commenting on Nisbet's "Climate Shift" report. *Grist*, 27 April. https://grist.org/climate-change/2011-04-26-why-ive-avoided-commenting-onnisbets-climate-shift-report/

Rockström, J., Steffen, W., Noone, K., Persson, Å., Chapin III, F. S., Lambin, E. F., Lenton, T. M., Scheffer, M., Folke, C., Schellnhuber, H. J. and Nykvist, B. 2009. A safe operating space for humanity. *Nature*, 461(7263).

Rootes, C. 2014. *Environmental Movements: Local, National and Global*. Routledge.

Rosling, H., Rönnlund, A. R. and Rosling, O. 2018. *Factfulness: Ten Reasons We're Wrong about the World–and Why Things are Better Than You Think*. Flatiron Books.

Samir, K. C. and Lutz, W. 2017. The human core of the shared socioeconomic pathways: Population scenarios by age, sex and level of education for all countries to 2100. *Global Environmental Change*, 42.

Saran, S. and Mohan, A. 2016. Indian climate policy in a post-Paris world. *The Strategist*. https://www.aspistrategist.org.au/indian-climate-policy-in-a-post-paris-world/

Schumacher, E. F. 1973. *Small is Beautiful: A Study of Economics as if People Really Mattered*. Blond and Briggs.

Schumpeter, J. A. 2010. *Capitalism, Socialism and Democracy*. Routledge.

Sepulveda et al. 2018. The role of firm low-carbon electricity resources in deep decarbonization of power generation, *Joule*. https://doi.org/10.1016/j.joule.2018.08.006

Shellenberger, M. 2018. How Trump's nuke bailout may help America meet Paris climate commitments. 6 June 2018. https://www.forbes.com/sites/michaelshellenberger/2018/06/06/trumps-bail-out-of-nuclear-plants-could-allow-us-to-meet-its-paris-climate-commitments/

Shelton, A. M., Hossain, M., Paranjape, V. and Azad, A. K. 2018. Bt eggplant project in

Bangladesh: History, present status, and future direction. *Frontiers in Bioengineering and Biotechnology*, 6.

Shuba, E. S. and Kifle, D. 2018. Microalgae to biofuels: "Promising" alternative and renewable energy, review. *Renewable and Sustainable Energy Reviews*, 81.

Siddiqui, M. Z., Goli, S., Reja, T., Doshi, R., Chakravorty, S., Tiwari, C., Kumar, N. P. and Singh, D. 2017. Prevalence of anemia and its determinants among pregnant, lactating, and nonpregnant nonlactating women in India. *SAGE Open*, 7(3).

Sivaram, V. 2018. *Taming the Sun: Innovations to Harness Solar Energy and Power the Planet*. MIT Press.

Smalley, R. E. 2005. Future global energy prosperity: The terawatt challenge. *MRS Bulletin*, 30(6).

Smil, V. 2017. *Energy and Civilization: A History*. MIT Press.

Snow, C. P. 1959. *The Two Cultures and the Scientific Revolution*. Cambridge University Press.

Somanathan, E., Sterner, T., Sugiyama, T., Chimanikire, D., Dubash, N. K., Essandoh-Yeddu, J. K., Fifita, S., Goulder, L., Jaffe, A., Labandeira, X. and Managi, S. 2014. National and sub-national policies and institutions. In O. Edenhofer et al.(eds) *Climate Change 2014: Mitigation of Climate Change. Contribution of Working Group III to the Fifth Assessment Report of the Intergovernmental Panel on Climate Change*. Cambridge University Press. http://www.ipcc.ch/pdf/assess ment-report/ar5/wg3/ipcc_wg3_ar5_chapter15.pdf

Sontag, S. 1989. *AIDS and its Metaphors*(Vol. 1). Farrar, Straus and Giroux.

Specter, M. 2015. How not to debate nuclear energy and climate change. *The New Yorker*, 18 December. https://www.newyorker.com/news/daily-comment/how-not-to-debate-nuclear-energy-and-climate-change

Srnicek, N. and Williams, A. 2015. *Inventing the Future: Post-capitalism and a World without Work*. Verso Books.

Stern D. 2014. Censored IPCC summary reveals jockeying for key UN climate talks. *The Conversation*, 24 April. https://theconversation.com/censored-ipcc-summary-reveals-jockeyingfor-key-un-climate-talks-25813

Stern, N. 2006. *Stern review on the economics of climate change*. HM Treasury.

Stiglitz, J. E. 2002. *Globalization and its Discontents*(Vol. 500). New York.

Strong, M. 1971. *The Founex Report of development and the environment*. https://www.mauricestrong.net/index.php/the-founex-report?showall=1&limitstart=

Subramanian, A. 2015. India is right to resist the West's carbon imperialism. *Financial Times* (27 November). https://www.ft.com/content/0805bac2-937d-11e5-bd82-c1fb87bef7af

Svensson, J. 2000. When is foreign aid policy credible? Aid dependence and conditionality. *Journal of Development Economics*, 61(1).

Svoboda, T. and Irvine, P. 2014. Ethical and technical challenges in compensating for harm due to solar radiation management geoengineering. *Ethics, Policy and Environment*, 17(2).

Symons, J. and Karlsson R. 2018. Ecomodernist citizenship: rethinking political obligations in a climate-changed world. *Citizenship Studies,* 22(7).

Symons, J. 2018. Geoengineering justice: Who gets to decide whether to hack the climate? *Breakthrough Journal*, 8. https://thebreakthrough.org/index.php/journal/past-issues/no.-8-winter-2018/geoengineering-justice

Sweeney, S. 2012. Resist, reclaim, restructure: Unions and the struggle for energy democracy. *Discussion Document prepared for Global Union Roundtable, Energy Emergency: Developing Trade Union Strategies for a Global Transition.* http://unionsforenergy demo cracy.org/wp-content/uploads/2014/05/resistreclaimrestructure_2013_english.pdf

Szerszynski, B., Kearnes, M., Macnaghten, P., Owen, R. and Stilgoe, J. 2013. Why solar radiation management geoengineering and democracy won't mix. *Environment and Planning A*, 45(12).

Talberg, A., Christoff, P., Thomas, S. and Karoly, D. 2018. Geoengineering governance-by-default: An earth system governance perspective. *International Environmental Agreements: Politics, Law and Economics*, 18(2)

Tanigawa, K., Hosoi, Y., Hirohashi, N., Iwasaki, Y. and Kamiya, K. 2012. Loss of life after evacuation: Lessons learned from the Fukushima accident. *The Lancet*, 379(9819).

Taylor, M. 2012. Toward an international relations theory of national innovation rates. *Security Studies*, 21(1).

Tokarska, K. B. and Zickfeld, K. 2015. The effectiveness of net negative carbon dioxide emissions in reversing anthropogenic climate change. *Environmental Research Letters*, 10(9).

Torgeson, D. 1999. *The Promise of Green Politics: Environment-alism and the Public Sphere.* Duke University Press.

Trainer, T. 2010. Can renewables etc. solve the greenhouse problem? The negative case. *Energy Policy*, 38(8).

Trembath, A. 2015. The dramatic shift in our climate thinking, quietly, we've moved to relying on technological innovation, not efficiency, to save the planet. *Zocal Public Square*, 9 December. http://www.zocalopublicsquare.org/2015/12/09/the-dramatic-shift-in-our-climate-thinking/ideas/nexus/

Tsing, A. L. 2015. *The Mushroom at the End of the World: On the Possibility of Life in Capitalist Ruins*. Princeton University Press.

UNEP. 2017. The Emissions Gap Report 2017. United Nations Environment Programme(UNEP) Nairobi. www.unenvironment.org/resources/emissions-gap-report

UNFCCC. 2015a. Report on the structured expert dialogue on the 2013–2015 review. *UNFCCC Subsidiary Body for Scientific and Technological Advice.* http://unfccc. int/re source/

docs/2015/sb/eng/inf01.pdf

UNFCCC. 2015b. Synthesis report on the aggregate effect of the intended nationally determined contributions. FCCC/CP/2015/7. http://unfccc.int/resource/docs/2015/cop21/eng/07.pdf

UN General Assembly. 1974. Resolution adopted by the General Assembly 3201(S-VI) Declaration on the Establishment of a New International Economic Order 29. U.N. Doc. A/9559

UN General Assembly. 1983. A/RES/38/161 Process of Preparation of the Environmental Perspective to the Year 2000 and Beyond. https://www.un.org/documents/ga /res/38/a38r 161.htm

Urban, M. 2015. Accelerating extinction risk from climate change. *Science* 348.

Uscinski, J., Douglas, K. and Lewandowsky, S. 2017. Climate change conspiracy theories. *Oxford Research Encyclopedia of Climate Science*. DOI: 10.1093/acrefore/9780190228620.013.328

Victor, D. G. 2011. *Global Warming Gridlock: Creating More Effective Strategies for Protecting the Planet*. Cambridge University Press.

Victor, D. G., Akimoto, K., Kaya, Y., Yamaguchi, M., Cullenward, D. and Hepburn, C. 2017. Prove Paris was more than paper promises. *Nature*, 548(7665).

Victor, D. 2018. Foreign aid for capacity building to address climate change. In *Aid Effectiveness for Environmental Sustainability*(pp. 17–49). Palgrave Macmillan.

Warren, W. A. 2006. A review of: Eckersley, Robyn. The Green State. *Society and Natural Resources* 19(4).

Weiss, L. 2000. Developmental states in transition: Adapting, dismantling, innovating, not "normalizing". *The Pacific Review*, 13(1).

Weiss, L. 2014. *America Inc.?: Innovation and Enterprise in the National Security State*. Cornell University Press.

Wendt, A. 2003. Why a world state is inevitable. *European Journal of International Relations*, 9(4).

Whyte, J. 2017. The invisible hand of Friedrich Hayek: Submission and spontaneous order. *Political Theory*. https://doi.org/10.1177/0090591717737064

Williams, A., and Srnicek, N. 2013. *Accelerate Manifesto for an Accelerationist Politics. Critical Legal Thinking*. http://criticallegalthinking.com/2013/05/14/accelerate-manifesto-for-an-accelerationist-politics/

Williams, M. 1993. Re-articulating the Third World coalition: The role of the environmental agenda. *Third World Quarterly*, 14(1).

Williams, M. C. 2003. Words, images, enemies: Securitization and international politics. *International Studies Quarterly*, 47(4).

Winner, L. 1986. *The Whale and the Reactor: A Search for Limits in an Age of High Technology.*

University of Chicago Press.

Winner, L. 1980. Do artifacts have politics? *Daedalus*, 109(1).

Wissenburg, M. 1998. *Green Liberalism: The Free and the Green Society*. UCL Press.

World Bank, IFC, and MIGA. 2016. *World Bank Group Climate Change Action Plan 2016–2020*. World Bank.

World Bank, Ecofys and Vivid Economics. 2017. State and trends of carbon pricing 2017(November), by World Bank, Washington, DC. Doi: 10.1596/978-1-4648-1218-7

World Bank. 2018. *World Development Indicators*. http://data.worldbank.org/data-catalog/world-development-indicators

Wright, C. and Nyberg, D. 2015. *Climate Change, Capitalism, and Corporations*. Cambridge University Press.

Yan, W., Fehrmann, R., Kegnæs, S., Mielby, J. J., Stenby, E. H., Fosbøl, P. L. and Thomsen, K. 2018. Carbon capture innovation challenge. In *Accelerating the Clean Energy Revolution– Perspectives on Innovation Challenges: DTU International Energy Report 2018*(ch. 7, pp. 55–61). Technical University of Denmark.

致　谢

在构思这部书时，我本来准备与拉斯姆斯·卡尔松（Rasmus Karlsson）一起合著。虽然最终我独自完成了这本书，但我非常感激拉斯姆斯在乌梅大学（Umeå University）好几个星期的接待，这令我十分难忘。感谢他和我一起确定了本书的几个中心主题，感谢他阅读了我的手稿，并提出了修改建议，感谢他持久的友谊。此外，我还要感谢麦格理大学的校外学习项目为我的乌梅之行提供了支持。

我感谢本书编辑路易丝·奈特（Louise Knight）和她的政体出版社团队，感谢他们持续的鼓励和卓越的见解。我感谢两名匿名读者和五名评阅人；感谢苏珊·比尔（Susan Beerd）和桑德·菲茨杰拉德（Sandey Fitzgerald）协助编辑了本书；感谢丹尼斯·奥特曼（Dennis Altman）、艾玛·布鲁什（Emma Brush）、索菲·坎宁安（Sophie Cunningham）、凯特·格莱森（Kate Gleeson）、玛丽亚姆·哈立德（Maryam Khalid）、特德·诺德豪斯（Ted Nordhaus）和杰西卡·怀特（Jessica Whyte）对部分章节的点评；感谢许多朋友和同事参与讨论，其中包括李·阿彻（Lee Archer）、戈万德·阿泽兹（Govand Azeez）、诺亚·巴希尔（Noah Bassil）、利·鲍彻（Leigh Boucher）、巴里·布鲁克（Barry Brook）、卡罗尔·德克鲁斯（Carol D'Cruz）、彼得·埃克斯利（Peter Eckersley）、金斯利·艾德尼（Kingsley Edney）、安娜-卡琳·埃里克森（Anna-Karin Eriksson）、罗杰·黄（Roger Huang）、金成英（SungYoung Kim）、斯蒂芬妮·劳森（Stephanie Lawson）、拉维纳·李（Lavina Lee）、亚当·洛克耶（Adam Lockyer）、斯蒂芬·伦茨（Stephen Luntz）、特里·麦克唐纳（Terry Macdonald）、凯特·麦克唐纳（Kate Macdonald）、布莱恩·马赫（Bryan Maher）、安德里亚·马克西莫维奇（Andrea Maksimovic）、安德鲁·麦克格雷戈（Andrew McGregor）、克莱尔·莫纳格尔（Clare Monagle）、约翰·摩根（John Morgan）、史蒂文·诺布尔（Steven Noble）、乔纳森·科珀斯·翁（Jonathan Corpus Ong）、斯皮罗斯·帕尼吉拉基斯（Spiros Panigirakis）、卡罗尔·彼得森（Carol Peterson）、多米尼克·雷德芬（Dominic Redfern）、罗伯特·雷诺兹（Robert Reynolds）、安娜·舒曼（Anna Schurmann）、克里斯·舒曼（Chris Schurmann）、本·斯基德莫尔（Ben Skidmore）、张思敏（Hsu-Ming Teo）、肖恩·威尔逊（Shaun Wilson）和亨德里·尤利乌斯（Hendri Yulius）；感谢我的家人，尤其是马修·马西鲁（Matthew Masiruw），感谢他们的爱和支持。

第六章讨论太阳能地球工程的部分此前已发表过，标题为《地球工程正义：谁来决定是否要破坏气候？》，发表在期刊《突破》

（*The Breakthrough Journal*）。我感谢突破研究所所长特德·诺德豪斯（Ted Nordhaus）授权这部分内容的再版。我还感谢突破研究所让我参加2016—2018年的"突破研究所座谈会"。我感谢许多座谈会参与者，尤其是特德·诺德豪斯、奥利弗·莫顿（Oliver Morton）和蕾切尔·普里茨克（Rachel Pritzker），他们的见解对这本书产生了积极影响。

这本书大部分是在麦考瑞大学（Macquarie University）及悉尼的国王十字图书馆写的。这所大学以1810年至1821年期间担任新南威尔士州州长的拉克兰·麦考瑞（Lachlan Macquarie）的名字命名。现在，麦考瑞既因其进步改革，也因其种族灭绝行为，而被历史铭记，他曾下令将被杀害的土著勇士"挂在显眼的树上，以恐吓土著幸存者"。国王十字图书馆位于一个从前就有酷儿群体聚集的红灯区，它的建立以及其对无家可归的读者的接纳，是对社会民主事业的一个贡献。然而，当我坐在图书馆的窗口向东眺望时，我意识到：这片土地以及我所能看到的一切，都是从澳大利亚本土（the Eora Nation）的盖迪该尔族（the Gadigal people）那里掠夺过来的，我承认土著的合法所有权。

新知文库

01 《证据:历史上最具争议的法医学案例》[美]科林·埃文斯 著 毕小青 译
02 《香料传奇:一部由诱惑衍生的历史》[澳]杰克·特纳 著 周子平 译
03 《查理曼大帝的桌布:一部开胃的宴会史》[英]尼科拉·弗莱彻 著 李响 译
04 《改变西方世界的26个字母》[英]约翰·曼 著 江正文 译
05 《破解古埃及:一场激烈的智力竞争》[英]莱斯利·罗伊·亚京斯 著 黄中宪 译
06 《狗智慧:它们在想什么》[加]斯坦利·科伦 著 江天帆、马云霏 译
07 《狗故事:人类历史上狗的爪印》[加]斯坦利·科伦 著 江天帆 译
08 《血液的故事》[美]比尔·海斯 著 郎可华 译 张铁梅 校
09 《君主制的历史》[美]布伦达·拉尔夫·刘易斯 著 荣予、方力维 译
10 《人类基因的历史地图》[美]史蒂夫·奥尔森 著 霍达文 译
11 《隐疾:名人与人格障碍》[德]博尔温·班德洛 著 麦湛雄 译
12 《逼近的瘟疫》[美]劳里·加勒特 著 杨岐鸣、杨宁 译
13 《颜色的故事》[英]维多利亚·芬利 著 姚芸竹 译
14 《我不是杀人犯》[法]弗雷德里克·肖索依 著 孟晖 译
15 《说谎:揭穿商业、政治与婚姻中的骗局》[美]保罗·埃克曼 著 邓伯宸 译 徐国强 校
16 《蛛丝马迹:犯罪现场专家讲述的故事》[美]康妮·弗莱彻 著 毕小青 译
17 《战争的果实:军事冲突如何加速科技创新》[美]迈克尔·怀特 著 卢欣渝 译
18 《最早发现北美洲的中国移民》[加]保罗·夏亚松 著 暴永宁 译
19 《私密的神话:梦之解析》[英]安东尼·史蒂文斯 著 薛绚 译
20 《生物武器:从国家赞助的研制计划到当代生物恐怖活动》[美]珍妮·吉耶曼 著 周子平 译
21 《疯狂实验史》[瑞士]雷托·U.施奈德 著 许阳 译
22 《智商测试:一段闪光的历史,一个失色的点子》[美]斯蒂芬·默多克 著 卢欣渝 译
23 《第三帝国的艺术博物馆:希特勒与"林茨特别任务"》[德]哈恩斯-克里斯蒂安·罗尔 著 孙书柱、刘英兰 译
24 《茶:嗜好、开拓与帝国》[英]罗伊·莫克塞姆 著 毕小青 译
25 《路西法效应:好人是如何变成恶魔的》[美]菲利普·津巴多 著 孙佩妏、陈雅馨 译

26 《阿司匹林传奇》[英]迪尔米德·杰弗里斯 著　暴永宁、王惠 译

27 《美味欺诈：食品造假与打假的历史》[英]比·威尔逊 著　周继岚 译

28 《英国人的言行潜规则》[英]凯特·福克斯 著　姚芸竹 译

29 《战争的文化》[以]马丁·范克勒韦尔德 著　李阳 译

30 《大背叛：科学中的欺诈》[美]霍勒斯·弗里兰·贾德森 著　张铁梅、徐国强 译

31 《多重宇宙：一个世界太少了？》[德]托比阿斯·胡阿特、马克斯·劳讷 著　车云 译

32 《现代医学的偶然发现》[美]默顿·迈耶斯 著　周子平 译

33 《咖啡机中的间谍：个人隐私的终结》[英]吉隆·奥哈拉、奈杰尔·沙德博尔特 著　毕小青 译

34 《洞穴奇案》[美]彼得·萨伯 著　陈福勇、张世泰 译

35 《权力的餐桌：从古希腊宴会到爱丽舍宫》[法]让-马克·阿尔贝 著　刘可有、刘惠杰 译

36 《致命元素：毒药的历史》[英]约翰·埃姆斯利 著　毕小青 译

37 《神祇、陵墓与学者：考古学传奇》[德]C. W. 策拉姆 著　张芸、孟薇 译

38 《谋杀手段：用刑侦科学破解致命罪案》[德]马克·贝内克 著　李响 译

39 《为什么不杀光？种族大屠杀的反思》[美]丹尼尔·希罗、克拉克·麦考利 著　薛绚 译

40 《伊索尔德的魔汤：春药的文化史》[德]克劳迪娅·米勒-埃贝林、克里斯蒂安·拉奇 著　王泰智、沈惠珠 译

41 《错引耶稣：〈圣经〉传抄、更改的内幕》[美]巴特·埃尔曼 著　黄恩邻 译

42 《百变小红帽：一则童话中的性、道德及演变》[美]凯瑟琳·奥兰丝汀 著　杨淑智 译

43 《穆斯林发现欧洲：天下大国的视野转换》[英]伯纳德·刘易斯 著　李中文 译

44 《烟火撩人：香烟的历史》[法]迪迪埃·努里松 著　陈睿、李欣 译

45 《菜单中的秘密：爱丽舍宫的飨宴》[日]西川惠 著　尤可欣 译

46 《气候创造历史》[瑞士]许靖华 著　甘锡安 译

47 《特权：哈佛与统治阶层的教育》[美]罗斯·格雷戈里·多塞特 著　珍栎 译

48 《死亡晚餐派对：真实医学探案故事集》[美]乔纳森·埃德罗 著　江孟蓉 译

49 《重返人类演化现场》[美]奇普·沃尔特 著　蔡承志 译

50 《破窗效应：失序世界的关键影响力》[美]乔治·凯林、凯瑟琳·科尔斯 著　陈智文 译

51 《违童之愿：冷战时期美国儿童医学实验秘史》[美]艾伦·M. 霍恩布鲁姆、朱迪斯·L. 纽曼、格雷戈里·J. 多贝尔 著　丁立松 译

52 《活着有多久：关于死亡的科学和哲学》[加]理查德·贝利沃、丹尼斯·金格拉斯 著　白紫阳 译

53	《疯狂实验史Ⅱ》[瑞士] 雷托·U. 施奈德 著　郭鑫、姚敏多 译
54	《猿形毕露：从猩猩看人类的权力、暴力、爱与性》[美] 弗朗斯·德瓦尔 著　陈信宏 译
55	《正常的另一面：美貌、信任与养育的生物学》[美] 乔丹·斯莫勒 著　郑嬿 译
56	《奇妙的尘埃》[美] 汉娜·霍姆斯 著　陈芝仪 译
57	《卡路里与束身衣：跨越两千年的节食史》[英] 路易丝·福克斯克罗夫特 著　王以勤 译
58	《哈希的故事：世界上最具暴利的毒品业内幕》[英] 温斯利·克拉克森 著　珍栎 译
59	《黑色盛宴：嗜血动物的奇异生活》[美] 比尔·舒特 著　帕特里曼·J. 温 绘图　赵越 译
60	《城市的故事》[美] 约翰·里德 著　郝笑丛 译
61	《树荫的温柔：亘古人类激情之源》[法] 阿兰·科尔班 著　苜蓿 译
62	《水果猎人：关于自然、冒险、商业与痴迷的故事》[加] 亚当·李斯·格尔纳 著　于是 译
63	《囚徒、情人与间谍：古今隐形墨水的故事》[美] 克里斯蒂·马克拉奇斯 著　张哲、师小涵 译
64	《欧洲王室另类史》[美] 迈克尔·法夸尔 著　康怡 译
65	《致命药瘾：让人沉迷的食品和药物》[美] 辛西娅·库恩等 著　林慧珍、关莹 译
66	《拉丁文帝国》[法] 弗朗索瓦·瓦克 著　陈绮文 译
67	《欲望之石：权力、谎言与爱情交织的钻石梦》[美] 汤姆·佐尔纳 著　麦慧芬 译
68	《女人的起源》[英] 伊莲·摩根 著　刘筠 译
69	《蒙娜丽莎传奇：新发现破解终极谜团》[美] 让－皮埃尔·伊斯鲍茨、克里斯托弗·希斯·布朗 著　陈薇薇 译
70	《无人读过的书：哥白尼〈天体运行论〉追寻记》[美] 欧文·金格里奇 著　王今、徐国强 译
71	《人类时代：被我们改变的世界》[美] 黛安娜·阿克曼 著　伍秋玉、澄影、王丹 译
72	《大气：万物的起源》[英] 加布里埃尔·沃克 著　蔡承志 译
73	《碳时代：文明与毁灭》[美] 埃里克·罗斯顿 著　吴妍仪 译
74	《一念之差：关于风险的故事与数字》[英] 迈克尔·布拉斯兰德、戴维·施皮格哈尔特 著　威冶 译
75	《脂肪：文化与物质性》[美] 克里斯托弗·E. 福思、艾莉森·利奇 编著　李黎、丁立松 译
76	《笑的科学：解开笑与幽默感背后的大脑谜团》[美] 斯科特·威姆斯 著　刘书维 译
77	《黑丝路：从里海到伦敦的石油溯源之旅》[英] 詹姆斯·马里奥特、米卡·米尼奥－帕卢埃洛 著　黄煜文 译

78	《通向世界尽头：跨西伯利亚大铁路的故事》[英]克里斯蒂安·沃尔玛 著　李阳 译
79	《生命的关键决定：从医生做主到患者赋权》[美]彼得·于贝尔 著　张琼懿 译
80	《艺术侦探：找寻失踪艺术瑰宝的故事》[英]菲利普·莫尔德 著　李欣 译
81	《共病时代：动物疾病与人类健康的惊人联系》[美]芭芭拉·纳特森－霍洛威茨、凯瑟琳·鲍尔斯 著　陈筱婉 译
82	《巴黎浪漫吗？——关于法国人的传闻与真相》[英]皮乌·玛丽·伊特韦尔 著　李阳 译
83	《时尚与恋物主义：紧身褡、束腰术及其他体形塑造法》[美]戴维·孔兹 著　珍栎 译
84	《上穷碧落：热气球的故事》[英]理查德·霍姆斯 著　暴永宁 译
85	《贵族：历史与传承》[法]埃里克·芒雄－里高 著　彭禄娴 译
86	《纸影寻踪：旷世发明的传奇之旅》[英]亚历山大·门罗 著　史先涛 译
87	《吃的大冒险：烹饪猎人笔记》[美]罗布·沃乐什 著　薛绚 译
88	《南极洲：一片神秘的大陆》[英]加布里埃尔·沃克 著　蒋功艳、岳玉庆 译
89	《民间传说与日本人的心灵》[日]河合隼雄 著　范作申 译
90	《象牙维京人：刘易斯棋中的北欧历史与神话》[美]南希·玛丽·布朗 著　赵越 译
91	《食物的心机：过敏的历史》[英]马修·史密斯 著　伊玉岩 译
92	《当世界又老又穷：全球老龄化大冲击》[美]泰德·菲什曼 著　黄煜文 译
93	《神话与日本人的心灵》[日]河合隼雄 著　王华 译
94	《度量世界：探索绝对度量衡体系的历史》[美]罗伯特·P.克里斯 著　卢欣渝 译
95	《绿色宝藏：英国皇家植物园史话》[英]凯茜·威利斯、卡罗琳·弗里 著　珍栎 译
96	《牛顿与伪币制造者：科学巨匠鲜为人知的侦探生涯》[美]托马斯·利文森 著　周子平 译
97	《音乐如何可能？》[法]弗朗西斯·沃尔夫 著　白紫阳 译
98	《改变世界的七种花》[英]詹妮弗·波特 著　赵丽洁、刘佳 译
99	《伦敦的崛起：五个人重塑一座城》[英]利奥·霍利斯 著　宋美莹 译
100	《来自中国的礼物：大熊猫与人类相遇的一百年》[英]亨利·尼科尔斯 著　黄建强 译
101	《筷子：饮食与文化》[美]王晴佳 著　汪精玲 译
102	《天生恶魔？：纽伦堡审判与罗夏墨迹测验》[美]乔尔·迪姆斯代尔 著　史先涛 译
103	《告别伊甸园：多偶制怎样改变了我们的生活》[美]戴维·巴拉什 著　吴宝沛 译
104	《第一口：饮食习惯的真相》[英]比·威尔逊 著　唐海娇 译
105	《蜂房：蜜蜂与人类的故事》[英]比·威尔逊 著　暴永宁 译

106 《过敏大流行:微生物的消失与免疫系统的永恒之战》[美] 莫伊塞斯·贝拉克斯 – 曼诺夫 著　李黎、丁立松 译

107 《饭局的起源:我们为什么喜欢分享食物》[英] 马丁·琼斯 著　陈雪香 译　方辉 审校

108 《金钱的智慧》[法] 帕斯卡尔·布吕克内 著　张叶、陈雪乔 译　张新木 校

109 《杀人执照:情报机构的暗杀行动》[德] 埃格蒙特·R. 科赫 著　张芸、孔令逊 译

110 《圣安布罗焦的修女们:一个真实的故事》[德] 胡贝特·沃尔夫 著　徐逸群 译

111 《细菌:我们的生命共同体》[德] 汉诺·夏里修斯、里夏德·弗里贝 著　许嫚红 译

112 《千丝万缕:头发的隐秘生活》[英] 爱玛·塔罗 著　郑嬿 译

113 《香水史诗》[法] 伊丽莎白·德·费多 著　彭禄娴 译

114 《微生物改变命运:人类超级有机体的健康革命》[美] 罗德尼·迪塔特 著　李秦川 译

115 《离开荒野:狗猫牛马的驯养史》[美] 加文·艾林格 著　赵越 译

116 《不生不熟:发酵食物的文明史》[法] 玛丽 – 克莱尔·弗雷德里克 著　冷碧莹 译

117 《好奇年代:英国科学浪漫史》[英] 理查德·霍姆斯 著　暴永宁 译

118 《极度深寒:地球最冷地域的极限冒险》[英] 雷纳夫·法恩斯 著　蒋功艳、岳玉庆 译

119 《时尚的精髓:法国路易十四时代的优雅品位及奢侈生活》[美] 琼·德让 著　杨冀 译

120 《地狱与良伴:西班牙内战及其造就的世界》[美] 理查德·罗兹 著　李阳 译

121 《骗局:历史上的骗子、赝品和诡计》[美] 迈克尔·法夸尔 著　康怡 译

122 《丛林:澳大利亚内陆文明之旅》[澳] 唐·沃森 著　李景艳 译

123 《书的大历史:六千年的演化与变迁》[英] 基思·休斯敦 著　伊玉岩、邵慧敏 译

124 《战疫:传染病能否根除?》[美] 南希·丽思·斯特潘 著　郭骏、赵谊 译

125 《伦敦的石头:十二座建筑塑名城》[英] 利奥·霍利斯 著　罗隽、何晓昕、鲍捷 译

126 《自愈之路:开创癌症免疫疗法的科学家们》[美] 尼尔·卡纳万 著　贾颋 译

127 《智能简史》[韩] 李大烈 著　张之昊 译

128 《家的起源:西方居所五百年》[英] 朱迪丝·弗兰德斯 著　珍栎 译

129 《深解地球》[英] 马丁·拉德威克 著　史先涛 译

130 《丘吉尔的原子弹:一部科学、战争与政治的秘史》[英] 格雷厄姆·法米罗 著　刘晓 译

131 《亲历纳粹:见证战争的孩子们》[英] 尼古拉斯·斯塔加特 著　卢欣渝 译

132 《尼罗河:穿越埃及古今的旅程》[英] 托比·威尔金森 著　罗静 译

133 《大侦探：福尔摩斯的惊人崛起和不朽生命》[美]扎克·邓达斯 著　肖洁茹 译

134 《世界新奇迹：在20座建筑中穿越历史》[德]贝恩德·英玛尔·古特贝勒特 著　孟薇、张芸 译

135 《毛奇家族：一部战争史》[德]奥拉夫·耶森 著　蔡玳燕、孟薇、张芸 译

136 《万有感官：听觉塑造心智》[美]塞思·霍罗威茨 著　蒋雨蒙 译　葛鉴桥 审校

137 《教堂音乐的历史》[德]约翰·欣里希·克劳森 著　王泰智 译

138 《世界七大奇迹：西方现代意象的流变》[英]约翰·罗谟、伊丽莎白·罗谟 著　徐剑梅 译

139 《茶的真实历史》[美]梅维恒、[瑞典]郝也麟 著　高文海 译　徐文堪 校译

140 《谁是德古拉：吸血鬼小说的人物原型》[英]吉姆·斯塔迈耶 著　刘芳 译

141 《童话的心理分析》[瑞士]维蕾娜·卡斯特 著　林敏雅 译　陈瑛 修订

142 《海洋全球史》[德]米夏埃尔·诺尔特 著　夏嬙、魏子扬 译

143 《病毒：是敌人，更是朋友》[德]卡琳·莫林 著　孙薇娜、孙娜薇、游辛田 译

144 《疫苗：医学史上最伟大的救星及其争议》[美]阿瑟·艾伦 著　徐宵寒、邹梦廉 译　刘火雄 审校

145 《为什么人们轻信奇谈怪论》[美]迈克尔·舍默 著　卢明君 译

146 《肤色的迷局：生物机制、健康影响与社会后果》[美]尼娜·雅布隆斯基 著　李欣 译

147 《走私：七个世纪的非法携运》[挪]西蒙·哈维 著　李阳 译

148 《雨林里的消亡：一种语言和生活方式在巴布亚新几内亚的终结》[瑞典]唐·库里克 著　沈河西 译

149 《如果不得不离开：关于衰老、死亡与安宁》[美]萨缪尔·哈灵顿 著　丁立松 译

150 《跑步大历史》[挪]托尔·戈塔斯 著　张翎 译

151 《失落的书》[英]斯图尔特·凯利 著　卢葳、汪梅子 译

152 《诺贝尔晚宴：一个世纪的美食历史（1901—2001）》[瑞典]乌利卡·索德琳德 著　张琦 译

153 《探索亚马孙：华莱士、贝茨和斯普鲁斯在博物学乐园》[巴西]约翰·亨明 著　法磊 译

154 《树懒是节能，不是懒！：出人意料的动物真相》[英]露西·库克 著　黄悦 译

155 《本草：李时珍与近代早期中国博物学的转向》[加]卡拉·纳皮 著　刘黎琼 译

156 《制造非遗：〈山鹰之歌〉与来自联合国的其他故事》[冰]瓦尔迪马·哈夫斯泰因 著　闾人 译　马莲 校

157 《密码女孩：未被讲述的二战往事》[美]莉莎·芒迪 著　杨可 译

158 《鲸鱼海豚有文化：探索海洋哺乳动物的社会与行为》[加]哈尔·怀特黑德[英]卢克·伦德尔 著　葛鉴桥 译

159 《从马奈到曼哈顿——现代艺术市场的崛起》[英]彼得·沃森 著　刘康宁 译

160 《贫民窟：全球不公的历史》[英]艾伦·梅恩 著　尹宏毅 译

161 《从丹皮尔到达尔文：博物学家的远航科学探索之旅》[英]格林·威廉姆斯 著　珍栎 译

162 《任性的大脑：潜意识的私密史》[英]盖伊·克拉克斯顿 著　姚芸竹 译

163 《女人的笑：一段征服的历史》[法]萨宾娜·梅尔基奥尔－博奈 著　陈静 译

164 《第一只狗：我们最古老的伙伴》[美]帕特·希普曼 著　卢炜、魏琛璐、娄嘉丽 译

165 《解谜：向18种经典谜题的巅峰发起挑战》[美]A.J.雅各布斯 著　肖斌斌 译

166 《隐形：不被发现的历史与科学》[美]格雷戈里·J.格布尔 著　林庆新等 译

167 《自然新解》[澳]蒂姆·洛 著　林庆新、刘伟、毛怡灵 译

168 《生态现代主义：技术、政治与气候危机》[澳]乔纳森·西蒙斯 著　林庆新、吴可 译